GEETHA R K
Dr.N DEVAKI

Inteligência múltipla

GEETHA R K
Dr.N DEVAKI

Inteligência múltipla

Relação com o auto-conceito e o desempenho em matemática

ScienciaScripts

Imprint
Any brand names and product names mentioned in this book are subject to trademark, brand or patent protection and are trademarks or registered trademarks of their respective holders. The use of brand names, product names, common names, trade names, product descriptions etc. even without a particular marking in this work is in no way to be construed to mean that such names may be regarded as unrestricted in respect of trademark and brand protection legislation and could thus be used by anyone.

Cover image: www.ingimage.com

This book is a translation from the original published under ISBN 978-620-7-65371-3.

Publisher:
Sciencia Scripts
is a trademark of
Dodo Books Indian Ocean Ltd. and OmniScriptum S.R.L publishing group

120 High Road, East Finchley, London, N2 9ED, United Kingdom
Str. Armeneasca 28/1, office 1, Chisinau MD-2012, Republic of Moldova, Europe
Printed at: see last page
ISBN: 978-620-8-13247-7

CAPÍTULO I

1.1 Introdução:

"A investigação pode ser definida como um método de estudo de problemas cujas soluções devem ser derivadas parcial ou totalmente de factos - W.S.MONROES A investigação é também considerada como uma aplicação do método científico na resolução de problemas, é um processo sistemático, formal e intensivo de aplicação do método científico de análise.

A investigação educacional é a atividade que visa o desenvolvimento de uma ciência do comportamento em situações educativas. Segundo Robert M.W. Travers (1964), o objetivo final desta ciência é fornecer conhecimentos que permitam ao educador atingir os seus objectivos através dos métodos mais eficazes.Há várias décadas que o fenómeno angustiante do insucesso escolar dos alunos capazes tem vindo a preocupar seriamente os educadores, os professores, os pais e os investigadores.

A educação é o processo de viver através de uma reconstrução contínua de experiências. É o desenvolvimento de todas as capacidades do indivíduo que lhe permitirão controlar o seu ambiente e realizar as suas possibilidades.

A educação de um ser humano deve começar à nascença e continuar durante toda a sua vida. O principal objetivo da educação é desenvolver a personalidade harmoniosa do aluno. A educação é considerada o agente mais significativo de mudança básica no estatuto de um ser humano, para além da ocupação c do estatuto económico.

A educação é tão antiga como a humanidade. Em todas as sociedades, antigas ou modernas, simples ou complexas, primitivas ou avançadas, encontramos disposições relativas à educação. Sem educação, nenhuma sociedade pode durar mais do que uma geração. A função da educação é considerada como o ajustamento do homem ao seu ambiente, o que significa a sua adaptação e reconstrução do seu ambiente para seu próprio benefício e da sociedade. Assim, a escola, como agência de educação, é o local de formação do futuro cidadão na escola. O aluno aprende o processo de criação de novos conhecimentos como um subproduto essencial.

O objetivo da educação é sempre duplo.
1. Existe um aspeto coletivo
2. Existe um aspeto individual

Do ponto de vista coletivo, espera-se que a educação transforme o indivíduo num bom cidadão, ou seja, numa pessoa que mantém relações harmoniosas com os outros membros da comunidade, que é útil à sociedade e que cumpre com zelo a sua obrigação de cidadão.
A educação dará ao indivíduo um corpo forte e saudável, ajudá-lo-á a construir o seu carácter e a atingir o domínio de si próprio e dar-lhe-á boas oportunidades para descobrir e desenvolver harmoniosamente as suas capacidades naturais.

A educação deve promover o bem-estar das pessoas que estão a ser educadas. A educação faz emergir e desenvolve o melhor de um indivíduo. Conduz à auto-perfeição ou realização e à melhoria dos outros. Procura desenvolver uma personalidade holística integrada, harmonizando a cabeça, as mãos e o coração de uma pessoa, cada um ativado pelo processo educativo. Assim, o verdadeiro desenvolvimento é o aperfeiçoamento do eu e o refinamento das percepções humanas.

1.2. Inteligência múltipla

A inteligência múltipla é classificada da seguinte forma

- **Inteligência naturalista ("Nature Smart")**

Designa a capacidade humana de discriminar entre seres vivos (plantas, animais), bem como a sensibilidade a outras caraterísticas do mundo natural (nuvens, configurações rochosas). Esta capacidade foi claramente valiosa no nosso passado evolutivo como caçadores, recolectores e agricultores; continua a ser fundamental em funções como a de botânico. Especula-se também que grande parte da nossa sociedade de consumo explora as inteligências naturalistas, que podem ser mobilizadas na discriminação entre carros, ténis, tipos de maquilhagem e afins.

- **Inteligência musical ("Musical Smart")**

A inteligência musical é a capacidade de discernir a altura, o ritmo, o timbre e o tom. Esta inteligência permite-nos reconhecer, criar, reproduzir e refletir sobre a música, tal como demonstrado por compositores, maestros, músicos, vocalistas e ouvintes sensíveis. É interessante notar que existe frequentemente uma ligação afectiva entre a música e as emoções; e as inteligências matemática e musical podem partilhar processos de pensamento comuns. Os jovens adultos com este tipo de inteligência cantam ou tocam tambor para si próprios. Estão normalmente bem conscientes dos sons que os outros podem não ouvir.

- **Inteligência lógico-matemática (Inteligência numérica/racional)**

A inteligência lógico-matemática é a capacidade de calcular, quantificar, considerar proposições e hipóteses e efetuar operações matemáticas completas. Permite-nos perceber relações e conexões e utilizar o pensamento abstrato e simbólico; capacidades de raciocínio sequencial; e padrões de pensamento indutivo e dedutivo. A inteligência lógica está geralmente bem desenvolvida nos matemáticos, cientistas e detectives. Os jovens adultos com muita inteligência lógica interessam-se por padrões, categorias e relações. São atraídos por problemas aritméticos, jogos de estratégia e experiências.

- **Inteligência Existencial ("Existence Smart")**

Sensibilidade e capacidade para abordar questões profundas sobre a existência humana, como o sentido da vida e a morte.

- **Inteligência interpessoal ("People Smart")**

A inteligência interpessoal é a capacidade de compreender e interagir eficazmente com os outros. Envolve uma comunicação verbal e não-verbal eficaz, a capacidade de notar distinções entre os outros, a sensibilidade aos estados de espírito e temperamentos dos outros e a capacidade de considerar múltiplas perspectivas. Os professores, os assistentes sociais, os actores e os políticos demonstram todos uma inteligência interpessoal. Os jovens adultos com este tipo de inteligência são líderes entre os seus pares, são bons a comunicar e parecem compreender os sentimentos e motivos dos outros.

- **Inteligência corporal-cinestésica ("Body Smart")**

A inteligência corporal-cinestésica é a capacidade de manipular objectos e de utilizar uma variedade de competências físicas. Esta inteligência envolve também um sentido de oportunidade e a perfeição das capacidades através da união mente-corpo. Atletas, bailarinos, cirurgiões e artesãos apresentam uma inteligência corporal cinestésica bem desenvolvida.

❖ **Inteligência linguística ("Word Smart")**

A inteligência linguística é a capacidade de pensar por palavras e de utilizar a linguagem para exprimir e apreciar significados complexos. A inteligência linguística permite-nos compreender a ordem e o significado das palavras e aplicar competências meta-linguísticas para refletir sobre o uso que fazemos da língua. A inteligência linguística é a competência humana mais amplamente partilhada e é evidente em poetas, romancistas, jornalistas e oradores públicos eficazes. Os jovens adultos com este tipo de inteligência gostam de escrever, ler, contar histórias ou fazer palavras cruzadas.

❖ **Inteligência intrapessoal ("Self Smart")**

A inteligência intrapessoal é a capacidade de se compreender a si próprio e aos seus pensamentos e sentimentos, e de utilizar esse conhecimento para planear e orientar a sua vida. A inteligência intrapessoal envolve não apenas uma apreciação do eu, mas também da condição humana. É evidente em psicólogos, líderes espirituais e filósofos. Estes jovens adultos podem ser tímidos. Estão muito conscientes dos seus próprios sentimentos e são auto-motivados.

❖ **Inteligência espacial ("Picture Smart")**

A inteligência espacial é a capacidade de pensar em três dimensões. As capacidades essenciais incluem imagens mentais, raciocínio espacial, manipulação de imagens, competências gráficas e artísticas e uma imaginação ativa. Os marinheiros, os pilotos, os escultores, os pintores e os arquitectos apresentam todos uma inteligência espacial. Os jovens adultos com este tipo de inteligência podem ficar fascinados com labirintos ou puzzles, ou passar o tempo livre a desenhar ou a sonhar acordado.

1.3. AUTOCONCEITO

O autoconceito é o reflexo consciente do próprio ser ou da própria identidade, como um objeto separado dos outros ou do ambiente. O auto-conceito é o aspeto cognitivo do pensamento do eu e refere-se geralmente à "totalidade de um sistema complexo, organizado e dinâmico de crenças, atitudes e opiniões aprendidas que cada pessoa considera verdadeiras sobre a sua existência pessoal" (**Purkey**, 1988).

Muitos dos sucessos e fracassos que as pessoas experimentam em muitos domínios da vida estão intimamente relacionados com a forma como aprenderam a ver-se a si próprias e a sua relação com os outros. É evidente que o autoconceito tem pelo menos três qualidades de interesse: (1) é aprendido, (2) é organizado e (3) é dinâmico.

1.3.1. O auto-conceito é aprendido

Ninguém nasce com um auto-conceito. Este emerge gradualmente nos primeiros meses de vida e é moldado e remodelado através de experiências repetidas, particularmente com outras pessoas significativas. O facto de o autoconceito ser aprendido tem algumas implicações importantes

❖ Uma vez que o auto-conceito não parece ser instintivo, mas um produto social desenvolvido através da experiência, possui um potencial relativamente ilimitado de desenvolvimento e atualização.

❖ Devido a experiências anteriores e a percepções actuais, os indivíduos podem ter uma perceção de si próprios diferente da que os outros têm.

❖ Os indivíduos percepcionam diferentes aspectos de si próprios em alturas diferentes e com diferentes graus de clareza. Por isso, a focalização interior é uma ferramenta valiosa para o aconselhamento.

❖ Qualquer experiência que seja inconsistente com o auto-conceito de uma pessoa pode ser entendida como uma ameaça e, quanto mais experiências houver, mais rigidamente o auto-conceito se organiza para se manter e proteger. Quando uma pessoa é incapaz de se livrar das inconsistências percepcionadas, surgem problemas emocionais.

❖ Os padrões de pensamento da faculdade, tais como o raciocínio dicotómico (dividir tudo em termos de opostos ou extremos) ou a generalização excessiva (tirar conclusões abrangentes com base em pouca informação) criam interpretações negativas de si próprio.

1.3.2 O auto-conceito é organizado

A maioria dos investigadores concorda que o autoconceito tem uma qualidade geralmente estável, caracterizada pela ordem e harmonia. Cada pessoa mantém inúmeras percepções relativamente à sua existência pessoal, e cada perceção é orquestrada com todas as outras. É esta qualidade geralmente estável e organizada do autoconceito que dá consistência à personalidade. Esta qualidade organizada do auto-conceito tem corolários.

❖ O auto-conceito requer consistência, estabilidade e tende a resistir à mudança. Se o autoconceito mudasse facilmente, o indivíduo não teria uma personalidade consistente e fiável.

❖ Quanto mais central for uma determinada crença no auto-conceito de uma pessoa, mais resistente ela é a mudar essa crença.

❖ No centro do autoconceito está o eu - como - fazedor, o "eu", que é distinto do eu - como objeto, os vários "eu's". Isto permite à pessoa refletir sobre acontecimentos passados, analisar percepções presentes e moldar experiências futuras.

❖ As percepções básicas de uma pessoa são bastante estáveis, pelo que a mudança leva tempo.

❖ A perceção do sucesso e do fracasso afecta o autoconceito. O insucesso numa área muito apreciada faz baixar as avaliações em todas as outras áreas. O sucesso numa área premiada aumenta as avaliações noutras áreas aparentemente não relacionadas.

1.3.3. O auto-conceito é dinâmico

Para compreender a natureza ativa do autoconceito, é útil imaginá-lo como uma bússola giroscópica: um sistema continuamente ativo que aponta de forma fiável para o "norte verdadeiro" da existência percebida de uma pessoa. Este sistema de orientação não só molda a forma como uma pessoa se vê a si própria, aos outros e ao mundo, como também serve para orientar a ação e permite que cada pessoa tome uma "posição consistente" na vida. Em vez de se considerar o autoconceito como a causa do comportamento, este é melhor entendido como a bússola giratória da personalidade humana, proporcionando consistência na personalidade e direção para o comportamento. O auto-conceito é dinâmico.

❖ O mundo e as coisas que nele existem não são apenas percepcionados, são percepcionados em relação ao auto-conceito de cada um.

❖ O desenvolvimento do auto-conceito é um processo contínuo. Na personalidade saudável, há uma constante assimilação de novas ideias e expulsão de ideias antigas ao longo da vida.

❖ Os indivíduos esforçam-se por se comportar de acordo com os seus auto-conceitos, independentemente de serem úteis ou prejudiciais para si próprios ou para os outros.

❖ O auto-conceito tem geralmente precedência sobre o corpo físico. Os indivíduos sacrificam frequentemente o conforto físico e a segurança em prol da satisfação emocional.

❖ O auto-conceito protege-se continuamente contra a perda de autoestima, pois é esta perda que produz sentimentos de ansiedade.

❖ O auto-conceito tem de se defender constantemente de ataques, as oportunidades de crescimento são limitadas.

1.3.4. Tipos de conceito de self

Estudos recentes revelam que o auto-conceito assume, de facto, diferentes formas, cada uma das quais se concentra numa das 4 categorias principais relacionadas com os auto-conceitos físicos e psicológicos. As quatro categorias de auto-conceito são o básico, o transitório, o social e o ideal.

1.3.4.1. O auto-conceito básico:

O auto-conceito básico corresponde ao conceito que James tem do seu verdadeiro eu. É o conceito que a pessoa tem do que é realmente. Inclui a perceção da sua aparência, o reconhecimento das suas capacidades e deficiências, o seu papel e estatuto na vida e os seus valores, crenças e aspirações.

1.3.4.2. O conceito de "eu" transitório:

Para além do auto-conceito básico, uma pessoa tem um auto-conceito transitório. James (1980) sugere isto pela primeira vez quando se refere ao "eu que ele teme, ele como é". Isto significa que uma pessoa tem um auto-conceito que se mantém durante algum tempo e depois abandona-o. Estes auto-conceitos são geralmente influenciados por um estado de espírito passivo. São transitórios e instáveis.

1.3.4.3. Auto-conceito social:

O auto-conceito social baseia-se na forma como o indivíduo acredita que os outros o vêem, dependendo do seu discurso e das suas acções. É referido como uma "imagem de espelho" Se se diz constantemente a uma criança que ela é marota, ela rapidamente desenvolve um conceito de si própria como uma criança marota.

Na adolescência, o auto-conceito social deriva da opinião do grupo de pares como um todo "Outros generalizados". Na idade adulta, o efeito do auto-conceito no comportamento é influenciado pela força do desejo da pessoa de ganhar a atenção, aprovação e aceitação dos outros.

1.3.4.4. O conceito de "eu ideal":

O conceito de eu ideal é constituído pela perceção do que uma pessoa aspira a ser e do que acredita que deve ser. Pode estar relacionado com a autoimagem física e a autoimagem psicológica. Pode estar relacionado com a autoimagem física e a autoimagem psicológica.

1.3.5. Componentes do auto-conceito:

O conceito do eu tem 3 componentes principais: a perceptiva, a concetual e a atitudinal. A componente perceptiva é a imagem que a pessoa tem ou a impressão que causa nos outros. Inclui a imagem que tem da atratividade e da adequação sexual do seu corpo, como os seus músculos, ao seu comportamento. E o prestígio que estes lhe conferem aos olhos dos outros. As componentes perceptivas são frequentemente designadas por auto-conceito físico. A componente concetual é a conceção que a pessoa tem das suas caraterísticas distintivas, das suas capacidades e incapacidades, do seu passado e origens e do seu futuro. É frequentemente designada por conceito psicológico do eu e é composta por qualidades de ajustamento à vida, como a honestidade, a autoconfiança, a independência, a cobertura e os seus opostos. A componente atitudinal inclui o sentimento de uma pessoa em relação a si própria, as suas atitudes em relação ao seu estado atual e perspectivas futuras, os seus sentimentos em relação ao seu valor e as suas atitudes de autoestima, auto-aproximação, orgulho e vergonha.

1.4. NECESSIDADE E IMPORTÂNCIA DA MATEMÁTICA NO CURRÍCULO ESCOLAR

Segundo **AGARWAL (1997),** "a matemática é uma disciplina importante na vida de todos os homens. Ninguém pode realizar nada sem recorrer a conhecimentos matemáticos. A medição e a avaliação são efectuadas apenas com recurso à matemática."

A matemática é uma componente importante da educação. A sua influência tem sido tão fundamental e generalizada que ser numérico está a tornar-se mais importante do que ser alfabetizado. Os seguintes valores justificam a sua posição.

A) ASPECTOS SOCIAIS

1) As actividades rotineiras da vida quotidiana exigem um grande número de factos e processos numéricos. Para ler com compreensão muitas das matérias dos jornais é necessário um vocabulário matemático considerável. Os termos mais recentes são percentagem, desconto, comissão e dividendo.

2) Muitas profissões requerem competências matemáticas.

3) A matemática contribuiu para aproximar os países do mundo que estão fisicamente separados uns dos outros.

4) A matemática ajudou o homem a descobrir os mistérios da natureza.

B) ASPECTOS MATEMÁTICOS

A matemática ensina-nos a tomar uma decisão. A verificar o pensamento e os seus resultados, a perceber relações, a concentrarmo-nos, a sermos exactos e a sermos sistemáticos nos nossos hábitos de trabalho.

A matemática desenvolve a capacidade de

1) Fazer estimativas fiáveis e aproximadas.

2) Conceber e utilizar fórmulas, regras de procedimento e métodos de comparação.

3) Representar desenhos e relações espaciais através de desenhos.

4) Organizar sistematicamente dados numéricos e interpretar informações sob a forma de gráficos ou tabelas.

C) APLICAÇÃO DA MATEMÁTICA

1) A história da matemática é a história do progresso da civilizações e cultura. "A matemática é o espelho da civilização".

2) A matemática contribui para a preservação, promoção e transmissão das culturas.

3) Várias artes culturais, como a poesia, a pintura, o desenho e a escultura, utilizam conhecimentos matemáticos.

1.5. CONTEXTO DO ESTUDO

A hipótese deste estudo é a de medir a inteligência múltipla e criar interesse nos alunos do nível x. Como a matemática é uma disciplina importante que lida com números, equações, símbolos e cálculos, problemas de palavras, as crianças devem criar interesse por esta disciplina. Isto ajuda-as a participar em concursos, pois é necessário passar a cores nos concursos. A competição pode ser muito dura, mas a pessoa tem de se destacar nesse exame para a sua vida. Por isso, a criança deve ser treinada desde a infância. Devem desenvolver o seu interesse pela matemática desde a infância. Isto ajuda-as a brilhar no mundo. Ao entrar num mundo cada vez mais tecnológico, a inteligência múltipla torna-se mais importante. A identificação de crianças com inteligência múltipla numa idade jovem pode ajudá-las a desenvolver os seus talentos e a utilizá-los no seu potencial máximo. A investigadora tem uma observação atenta dos alunos do ensino secundário situados em diferentes escolas, onde teve a oportunidade de conviver com alunos de diferentes áreas. Reparou que alguns alunos das escolas obtêm sempre bons resultados e que são muito confiantes. Por isso, a investigadora quis estudar a sua inteligência múltipla e o seu autoconceito, que desempenham um papel vital na vida de cada um.

1.6. NECESSIDADE E IMPORTÂNCIA DO ESTUDO

O crescimento e o desenvolvimento das aptidões e capacidades mentais ajudam um indivíduo a ajustar o seu comportamento às condições ambientais em constante mudança, o que é designado por desenvolvimento mental ou cognitivo. O processo de crescimento e desenvolvimento mental é responsável pelo desenvolvimento das capacidades cognitivas, mentais ou intelectuais de um indivíduo, tais como a sensação, a perceção, a imaginação, a memória, a compreensão, a inteligência, a generalização, a interpretação, a capacidade linguística, a capacidade concetual, a capacidade de resolução de problemas e a capacidade de tomada de decisões, estando estas capacidades inter-relacionadas e interdependentes. Cognição é um termo geral utilizado para descrever vários aspectos dos processos mentais superiores.

As instituições de ensino têm a responsabilidade de explorar o talento de cada criança. Em algum momento da sua escolaridade, é vital que cada aluno descubra pelo menos uma área de força. Ao fazê-lo, os alunos podem perseguir vivamente os seus interesses inerentes. Estas actividades não só alimentam a alegria de aprender, como também fazem sentir a persistência e o esforço necessários para o domínio da disciplina e a inventividade.

A própria natureza da aprendizagem da matemática é bastante diferente da de outras disciplinas, porque requer auto-conceito e inteligência múltipla. Os termos inteligência e aptidão são utilizados de forma intercambiável para designar os poderes ou as capacidades de um indivíduo. Esses poderes ou capacidades diferem de um indivíduo para outro e de uma espécie para outra em termos do alcance e da profundidade do seu funcionamento. A inteligência múltipla e o autoconceito são há muito reconhecidos como um fator de sucesso na matemática, nas ciências naturais, na engenharia, na arquitetura, na literatura e noutros domínios de estudo. O auto-conceito de uma pessoa é considerado um parâmetro importante no contexto da aprendizagem. Facilita a compreensão de uma pessoa e motiva-a a melhorar o seu desempenho na aprendizagem.

1.7. TÍTULO DO ESTUDO

O título do estudo é **"Multiple Intelligence in Relation to Self - concept and Mathematics Achievement of X Standard Students in Dindigul District" (Inteligência múltipla em relação com o auto-conceito e os resultados a nível da matemática dos alunos do nível X no distrito de Dindigul).**

1.8. DEFINIÇÕES OPERACIONAIS

1.8.1Relacionamento

A forma como duas ou mais coisas estão ligadas e se afectam mutuamente.
Neste estudo, o investigador quis descobrir a relação entre a inteligência múltipla, o auto-conceito e a realização em matemática.

1.8.2. Inteligência múltipla

A inteligência múltipla refere-se à capacidade do indivíduo de manipular a linguagem, os números, a música, a arte e o ser humano. Inclui a inteligência linguística, a inteligência lógico-matemática, a inteligência intrapessoal, a inteligência musical, a inteligência interpessoal e a inteligência naturalista. No presente estudo, o nível de inteligência múltipla é medido a partir das pontuações obtidas na escala de avaliação.

1.8.3. Auto-conceito

O auto-conceito é a forma como pensamos e nos avaliamos a nós próprios. Ter consciência de si próprio é ter um conceito de si próprio. O termo autoconceito é um termo geral utilizado para se referir à forma como alguém pensa ou se percepciona a si próprio. No presente estudo, o nível de auto-conceito é medido a partir das pontuações obtidas na escala de classificação.

1.8.4. Matemática

Trata-se de uma ciência exacta relacionada com as medições, os cálculos, a descoberta de relações e a resolução dos problemas do espaço.

Betrand Russell (1901) definiu a matemática como "O assunto sobre o qual nunca sabemos o que estamos a falar, ou se o que estamos a dizer é verdade"

Segundo **Berthelot** (1910), "a matemática é o instrumento indispensável de toda a investigação física".

Roger Bagon (1923) define a Matemática como a porta e a chave das ciências.

Segundo **W.C.D.Whetham**, "a matemática não é senão o desenvolvimento superior da lógica simbólica".

C.J. Keyser diz: "A lógica simbólica é matemática, a matemática é lógica simbólica".

Segundo **Schultze**, "a matemática é ensinada principalmente devido ao treino mental que proporciona, e só secundariamente devido ao conhecimento dos factos que transmite". No presente estudo, a matemática refere-se à matemática da norma X do Conselho de Estado.

1.8.5. Resultados em matemática

Notas do exame de matemática do X Standard State Board obtidas pelos alunos.

1.8.6. X Estudantes normalizados

Os alunos que estudam no nível X em escolas públicas, públicas assistidas e privadas no distrito de Dindigul.

1.8.7. Distrito de Dindigul

Um dos distritos do estado de Tamilnadu.

1.9. DELIMITAÇÕES DO ESTUDO

O estudo limitou-se apenas aos estudantes do nível X do distrito de Dindigul. Foram tomadas as devidas precauções para selecionar a amostra através de uma técnica de amostragem aleatória simples, instruir o instrumento para recolher dados fiáveis e aplicar uma análise estatística e de dados adequada, etc.

1.10. CONCLUSÃO

O problema do presente estudo foi discutido brevemente neste capítulo. O significado do estudo, os objectivos do estudo, etc. As definições operacionais do presente estudo foram revistas a partir da literatura relacionada disponível, de modo a dar uma perceção teórica mais ampla à luz da qual se poderiam enquadrar e testar hipóteses adequadas. No capítulo seguinte, procede-se a uma discussão pormenorizada da literatura relacionada.

CAPÍTULO II

REVISÃO DA LITERATURA RELACIONADA

2.1. INTRODUÇÃO

Uma vez decidido o tema, o investigador tem de se informar sobre os estudos relacionados com o seu próprio problema já efectuados por outros. O levantamento da literatura relacionada é um aspeto crucial do planeamento do estudo e o tempo despendido nesse levantamento gera dividendos para a investigação. De acordo com Best, "um breve resumo da investigação anterior e os escritos de peritos reconhecidos fornecem provas de que o investigador está familiarizado com o que já é conhecido e com o que ainda é desconhecido e não foi testado com base nos conhecimentos anteriores. Estes passos ajudam a eliminar a duplicação do que já foi feito e fornecem hipóteses úteis e sugestões úteis para uma investigação significativa".

2.2. REVISÃO DA LITERATURA RELACIONADA

Normalmente, a revisão da literatura relacionada pode ser recolhida do ponto de vista.

1. Visão empírica
2. Visão concetual

Uma vez que o investigador adoptou "Multiple Intelligence in Relation to Self - concept and Mathematics Achievement of X Standard Students in Dindigul District" (Inteligência múltipla em relação ao autoconceito e ao desempenho em matemática dos alunos do nível X no distrito de Dindigul), o investigador está a preparar uma revisão concetual para reforçar o seu estudo. Para a investigadora, a maior parte das vezes prepara uma revisão concetual para reforçar o seu estudo.

A revisão da literatura relacionada está classificada em duas grandes rubricas. São elas

1. Estudos efectuados na Índia
2. Estudos efectuados no estrangeiro

2.3. ESTUDOS NA ÍNDIA

V. Balakrishnan & K. Velmurugan (2013) efectuaram um estudo sobre o "Autoconceito dos estudantes do ensino secundário superior em relação à motivação para a realização".

O estudo foi realizado com o objetivo de investigar os níveis de autoconceito e de motivação para a realização dos alunos do ensino secundário superior. Examina também a relação entre o autoconceito e a motivação para a realização dos alunos do ensino secundário superior. O estudo foi efectuado numa amostra aleatória de 200 estudantes do ensino secundário superior no distrito de Ariyalaur. Os instrumentos utilizados no estudo

Os instrumentos utilizados no estudo foram o inventário de auto-conceito padronizado por Moshin (1979) e o teste de motivação para a realização padronizado por Gopal Rao (1953). O estudo revela que os níveis de autoconceito e de motivação para a realização dos estudantes do ensino secundário superior são baixos. Além disso, verifica-se que existe uma correlação insignificante entre o autoconceito e a motivação para a realização dos estudantes do ensino secundário superior.

Saileela (2013) efectuou um estudo sobre "Autorregulação, auto-eficácia e atitude em relação à matemática em relação ao desempenho em matemática de estudantes do ensino secundário superior"

O estudo procurou estudar a autorregulação, a auto-eficácia e a atitude em relação à matemática em relação à realização em matemática de estudantes do ensino secundário superior. Os quatro instrumentos, nomeadamente a autorregulação, a auto-eficácia, a atitude em relação à matemática e a realização em matemática, foram construídos e validados pelo investigador. O resultado da análise revela que o nível de auto-eficácia, autorregulação e realização em matemática dos estudantes do ensino secundário é moderado e que os estudantes têm uma atitude favorável em relação à matemática. O resultado da análise de regressão revela que a auto-eficácia conativa contribui positivamente para a realização em matemática.

J. Maheshwaran (2010) efectuou um estudo sobre "Reasoning abilities in Matemática entre os estudantes do ensino secundário superior no distrito de Dindigul".

Objectivos

1. Descobrir a diferença significativa entre rapazes e raparigas estudantes do ensino secundário superior nas suas capacidades de raciocínio em matemática
2. Descobrir a diferença significativa entre os alunos do ensino secundário médio em tâmil e em inglês nas suas capacidades de raciocínio em matemática
3. Descobrir a diferença significativa entre os alunos do ensino secundário superior rural e urbano nas suas capacidades de raciocínio em matemática

4. Descobrir a diferença significativa entre os estudantes do ensino secundário que frequentam o internato e os que frequentam o externato nas suas capacidades de raciocínio em matemática
5. Descobrir a diferença significativa entre estudantes do ensino secundário de famílias nucleares e conjuntas nas suas capacidades de raciocínio em matemática

Ferramenta

O investigador preparou um instrumento com a ajuda do guia. Este consiste em 50 perguntas. O investigador obteve a opinião de peritos na matéria.

O questionário multidimensional de 50 itens sob a forma de afirmações, 10 questionários dimensionais de 50 itens sob a forma de afirmações. Em 10 dimensões. Viz,

1. Números
2. Raiz quadrada
3. Simplificação
4. Introduzir o número em falta
5. Raiz do cubo
6. Percentagem
7. Rácio e proporção
8. Medidas e área
9. Álgebra
10. Método Dodmas

Método

O investigador utilizou o método de inquérito para a recolha de dados.

Conclusões

1. O investigador verificou que os alunos que estudam no grupo de matemática computorizada de língua inglesa, os alunos que estudam em escolas de ensino misto e os alunos que estudam em escolas privadas apresentam uma melhor capacidade de raciocínio em matemática.
2. Uma boa capacidade de raciocínio em matemática ajudaria os estudantes a aumentar o seu desempenho académico.

Esta constatação ajudaria os pais e os professores a criar um ambiente adequado para melhorar a capacidade de raciocínio em matemática, o que contribuiria para a futura carreira profissional de uma criança.

A.Salomi (2009) efectuou um estudo sobre a inteligência múltipla e o desempenho em comércio entre os alunos do ensino secundário superior".

Objetivo principal

1. Medir o nível de inteligência múltipla entre os estudantes de comércio do ensino secundário superior.

2. Para descobrir se existe alguma diferença significativa na inteligência múltipla entre os estudantes de comércio do ensino secundário superior em termos das variáveis independentes selecionadas.

3. Medir o nível de aproveitamento dos alunos do ensino secundário de comércio.

4. Para descobrir se existe alguma diferença significativa no desempenho dos estudantes do ensino secundário de comércio em termos das variáveis independentes selecionadas.

5. Descobrir a relação entre a inteligência múltipla e o sucesso em comércio entre os estudantes do ensino secundário superior.

Ferramentas

Foi utilizado o inventário de inteligência múltipla desenvolvido pelo Dr. Terry Armstrong.

Conclusão

1. A inteligência múltipla dos estudantes do ensino secundário superior de comércio é, em geral, superior à média.

2. A inteligência múltipla dos estudantes do ensino secundário de comércio é independente

a) Padrão b)ordem de nascimento c) religião d) localização da escola d) rendimento familiar

3. A inteligência múltipla dos alunos do ensino secundário superior é melhor facilitada por

a) Estudantes raparigas do que rapazes

b) Os alunos que estudam numa escola pública são seguidos pelos alunos das escolas públicas.

c) Aqueles que têm um pai analfabeto do que um pai alfabetizado.

4. O desempenho dos estudantes do ensino secundário superior em geral é superior à média.

5. O sucesso dos alunos do ensino secundário superior é mais facilitado por aqueles que se encontram na 2nd ordem de nascimento.

6. Existe uma relação positiva significativa entre a inteligência múltipla e o sucesso escolar dos alunos do ensino secundário de comércio.

Thilakasuresh & R.Bhuvaneshwari N.K.T. College of education, triplicane, Chennai (2008) efectuaram um estudo sobre a "Relação entre a capacidade espacial e a realização em ciências e matemática entre os alunos do ensino secundário"

Objectivos do estudo

1. Descobrir a capacidade espacial dos alunos do ensino secundário.

2. Para descobrir a diferença entre rapazes e raparigas na sua capacidade espacial.

3. Para descobrir a diferença entre os alunos do ensino secundário que estudam em Tamil e Inglês como meio de instrução na sua capacidade espacial.

4. Descobrir a diferença entre os alunos do ensino secundário que estudam em diferentes tipos de escolas no que respeita à sua capacidade espacial.

5. Descobrir a relação entre a capacidade espacial e o desempenho em ciências e matemática.

Amostra:

Foram selecionados aleatoriamente 320 alunos do ensino secundário de quatro escolas públicas e escolas com apoio público. Havia 160 rapazes e 160 raparigas.

Ferramenta de investigação:

As relações espaciais da série de testes de aptidão diferencial (DAT) foram utilizadas para o estudo. O instrumento é composto por quarenta padrões, que podem ser desdobrados em figuras. Para cada padrão são apresentadas cinco figuras. A decisão a tomar consiste em selecionar a figura correta a partir do padrão apresentado. A ferramenta de relação espacial mede a capacidade de visualizar o aspeto deste objeto se for rodado no espaço. Os resultados dos alunos do ensino secundário em ciências e matemática foram retirados do seu registo escolar.

Análise

Os dados recolhidos foram analisados com recurso a técnicas estatísticas adequadas.

Conclusões

Verificou-se que a capacidade espacial dos alunos do ensino secundário é razoável. Por conseguinte, os alunos do ensino secundário têm de melhorar a sua capacidade espacial. Não foram encontradas diferenças significativas na categoria do género e da direção da escola. Existe uma diferença significativa entre as capacidades espaciais dos alunos do ensino secundário que estudam em Tamil e em Inglês, que são melhores do que as dos outros alunos que estudam em Tamil.

Xavier e Anna raja (2008) efectuaram um estudo sobre a "Eficácia do ensino da matemática baseado na inteligência múltipla no desempenho dos alunos do VI ano".

Objetivo

O objetivo do estudo era descobrir o desempenho dos grupos de controlo e experimental nas suas inteligências múltiplas.

Ferramentas

O investigador tem de utilizar um modelo experimental de grupo equivalente com um grupo de controlo e um grupo experimental. Havia 30 alunos em cada grupo.

Conclusões

Os resultados revelam que não existe uma diferença significativa entre os alunos do grupo de controlo e do grupo experimental no que se refere à sua inteligência múltipla.

G.C.Harish (2007) realizou um estudo sobre "Competências integradas de pensamento crítico no desempenho em matemática dos alunos do ensino

secundário".

O estudo visava determinar a relação entre as competências integradas de pensamento crítico e os resultados em matemática, em função do género.

Principais objectivos

Estudar o impacto das competências integradas de pensamento crítico nos resultados em matemática.

Determinar a relação entre as competências integradas de pensamento crítico e os resultados em matemática, em função do género.

Descobrir as diferenças nas competências de pensamento crítico e nas classificações de desempenho com base no género.

Conceção da experiência

Foi utilizado o modelo de grupo de controlo aleatório pré-teste e pós-teste com uma amostra intencional sob a forma de secções intactas da turma 9 da mesma escola.

Técnica estatística

Para a análise dos dados, foram utilizadas as técnicas Anova, Ancova e o desenho fatorial, com recurso à versão SPSS 16.0 pelo investigador.

Principais conclusões

1. Existe uma diferença significativa entre os resultados do pós-teste do grupo de controlo e do grupo experimental.

2. Não existe uma diferença significativa entre as pontuações médias dos rapazes e das raparigas no pós-teste.

3. Existe uma interação significativa entre o grupo e o género na realização do pós-teste.

4. Existe uma diferença significativa entre as pontuações médias do grupo e do género nos resultados do pós-teste no que diz respeito ao total das competências integradas de pensamento crítico.

5. Existe uma diferença significativa entre o grupo e o género no que diz respeito ao total de competências de pensamento crítico integradas no desempenho após o programa de intervenção.

R.Ranganathan&S.V.Lakshamana Rao (2007), da Universidade de Andra, realizaram um trabalho sobre "Intervenção da teoria de IM em aparelhos de ensino modernos.

Neste artigo, ele denota a inteligência múltipla (Oito tipos de Inteligência e seus estados finais).

INTELIGÊNCIA	ESTADOS-MEMBROS
Naturalista	Naturalista
Linguística	Poeta, jornalista
Lógico	Cientista, matemático
Musical	Compositor, cardiologista, violinista
Espacial	Navegador, matemático, agrimensor, arquiteto, engenheiro, jogador de xadrez
Corporal-cinestésico	Dançarino, cirurgião
Intrapessoal	Pessoa com auto-conhecimento
Interpessoal	Terapeuta, vendedor, psicólogo,

Abha (Nov, 2006) realizou um estudo sobre a criatividade, o comportamento maquiavélico, a capacidade de assumir riscos e o autoconceito como factores de previsão da eficácia administrativa dos diretores. Os principais objectivos deste estudo eram: descobrir o nível de criatividade, o autoconceito e a eficácia administrativa e a relação significativa entre as variáveis. Ficou provado neste estudo que os diretores que tinham um elevado auto-conceito eram eficientes na administração.

Dalwinder Singh (Nov, 2006) efectuou um estudo para determinar o nível de autoestima dos seus membros.

- conceito, vigilância e coesão de equipa em relação ao desempenho e ao género dos atletas. O autoconceito e os desempenhos dos atletas foram estudados e ficou provado que os atletas com um autoconceito elevado obtiveram grandes resultados.

R.John Louis Manoharan (2006) realizou um trabalho sobre "Fomentar a criatividade através da resolução de problemas em matemática". Duas frases, o pensamento convergente e o pensamento divergente, estão intimamente relacionadas com a criatividade. No pensamento convergente, a ênfase é colocada em actividades que são dirigidas para uma resposta correta. O pensamento divergente, pelo contrário, dá ênfase à diversidade de ideias. Permite a multiplicidade de ideias. Os alunos que utilizam uma abordagem divergente para a resolução de problemas começam a olhar para os problemas sob uma nova luz, o que resulta em criatividade. Assim, o pensamento divergente abre caminho à produção de algo novo. Devem ser proporcionadas aos alunos experiências de aprendizagem que lhes permitam utilizar o pensamento divergente. Os puzzles matemáticos desempenham um papel importante no desenvolvimento do pensamento divergente e na promoção da criatividade.

G.Vijayalakshmi & P.Lavanya (2005) realizaram um estudo sobre a "relação entre o stress e o desempenho em matemática entre estudantes de nível intermédio".

Objetivo

1. Descobrir a relação entre o stress e os resultados em matemática dos estudantes do ensino intermédio.

2. Estudar o impacto de algumas variáveis, como o género, o ano de estudo, a direção, o meio de ensino, as habilitações literárias dos pais e a localidade, no stress e no desempenho em matemática.

Ferramenta utilizada no estudo

O inventário de stress (SI) para medir a quantidade de stress e as notas de matemática obtidas no exame de fim de ano anterior foram consideradas para a realização.

Amostra

6 colégios situados no distrito de Chittor.

Conclusões

1. No total da amostra, 60% dos estudantes sentem um elevado nível de stress.

2. Correlação negativa e baixa entre o stress do estudante e resultados em matemática.

3. O s rapazes sofrem mais de stress do que as raparigas.

4. Os alunos que estudam em colégios de localidades urbanas têm melhores

resultados a nível da matemática do que os de localidades semi-urbanas e rurais.

5. Os alunos com melhores resultados em matemática têm menos stress do que os outros.

Saravanan, K (2005) efectuou um estudo sobre a maturidade social em relação à autoestima.

- conceito entre os estudantes do ensino secundário superior. Os objectivos deste estudo são: descobrir o nível de maturidade social e o autoconceito entre os estudantes do ensino secundário superior e também descobrir a relação significativa entre maturidade social e autoconceito. Este estudo revelou que a maturidade social e o autoconceito eram moderados entre os estudantes e que não havia uma relação significativa entre estas variáveis.

Sandhu, Parminder (2004) realizou um estudo sobre ansiedade e autoconceito, com especial referência ao estatuto socioeconómico e ao desempenho de raparigas atletas. Os objectivos deste estudo foram: descobrir a diferença significativa entre as atletas no seu nível de ansiedade, auto-conceito, estatuto socioeconómico e desempenho. Este estudo também teve como objetivo encontrar a associação entre estas variáveis.

Ramkumar, MK (2004) estudou o autoconceito e o estatuto socioeconómico dos formandos do ensino superior. Selecionou uma amostra de 300 professores estagiários de várias instituições de formação de professores no Estado de Kerala. Concluiu que não havia uma relação significativa entre o autoconceito e o estatuto socioeconómico dos formandos.

Usha, V (2004) efectuou um estudo comparativo do autoconceito e dos resultados em matemática de alunos do ensino secundário normais e com deficiência auditiva no sistema integrado de ensino. Os alunos de escolas normais e de escolas integradas foram selecionados como amostra para este estudo. Ao estudar o autoconceito desses alunos, ficou provado que os alunos das escolas normais tinham um autoconceito mais elevado do que os das escolas integradas.

Thiyagarajan, K (2002) estudou a personalidade e o conceito de si próprio entre as crianças de rua, selecionando 140 dessas crianças na cidade de Chennai e arredores. Os objectivos deste estudo eram descobrir as variações da disposição da personalidade dos primeiros adolescentes e dos adolescentes de rua, descobrir as diferenças no auto-conceito dos primeiros adolescentes e dos adolescentes de rua e estudar a interdependência da personalidade e do auto-conceito das crianças de rua.

Mahendar Reddy Sarasani (2001) realizou um estudo sobre "achievement em matemática dos alunos do ensino secundário em variáveis selecionadas.

O objetivo deste estudo era descobrir as diferenças no teste de desempenho escolar em matemática em relação ao sexo, à casta, à direção da escola, à nacionalidade e ao meio de ensino.

Objetivo principal

Descobrir as diferenças no teste de desempenho escolar em matemática (teste m) em função do sexo, da casta, da direção da escola, da nacionalidade e do meio de instrução a nível do ensino secundário.

Ferramenta utilizada

Foi elaborado um teste com base no conteúdo de matemática da norma X, que consiste em 12 capítulos e nas aptidões matemáticas até à norma SSC.

Conclusões

1. O desempenho das raparigas é melhor do que o dos rapazes.

2. A casta não tem qualquer influência no desempenho.

3. A gestão da escola influencia o desempenho

4. A localidade influencia o desempenho.

5. Os estudantes de língua inglesa têm um melhor desempenho do que os estudantes de língua telugu. **Agwal G.S (2001) efectuou um estudo intitulado "Intelligence as a correlate of resultados em matemática em diferentes níveis socioeconómicos estatuto""**

O estudo pretendia examinar a relação entre a inteligência e a realização em matemática num contexto com diferentes níveis de estatuto socioeconómico.

Método

Os cem alunos da turma XI constituíram a amostra do estudo. Os dados foram recolhidos utilizando um teste de grupo para medir a capacidade mental geral SES. Para analisar os dados, aplicou-se a escala de Pareek e Trivedi e a correlação de momento de produção de Pearson.

Conclusões

1. Existe uma correlação significativa entre a inteligência e o desempenho em matemática.

2. A relação entre a inteligência e a realização em matemática pode variar entre os diferentes níveis de níveis socioeconómicos de três colégios reflectiu uma diferença significativa entre os diferentes níveis de SES de colégios vivos na inteligência e realização em matemática, 15 referências são citadas.

Sorubarani, S (2000) efectuou um inquérito sobre a relação entre os maus-tratos infantis e o auto-conceito. A amostra era constituída por 200 crianças com idades compreendidas entre os 10 e os 12 anos. Neste estudo, verificou-se que tanto os castigos orais como os físicos diminuíam o autoconceito das crianças que frequentavam a escola, mas não afectavam as crianças que trabalhavam. Os pais com formação escolar tinham uma abordagem mais positiva em relação aos filhos no que respeita aos castigos orais e físicos do que os pais com formação superior.

Chanda, Sunanda (2000) realizou um estudo sobre o autoconceito, a influência parental e o estatuto socioeconómico em relação à atitude de escolha de carreira entre estudantes do ensino secundário. A escala de atitudes do inventário de maturidade profissional e o inventário do autoconceito foram utilizados para recolher os dados de estudantes do ensino secundário. Os resultados mostraram que a influência parental interagiu com o autoconceito na previsão da pontuação da atitude de escolha de carreira.

Manju Krishna (1999) realizou um estudo sobre a objetividade das estratégias que envolvem a teoria da inteligência múltipla sobre os resultados em matemática no ensino secundário superior. Objetivo

O objetivo do estudo era comparar a eficácia das estratégias que envolvem a teoria das inteligências múltiplas no desempenho em matemática no nível secundário com a do método atual e comparar a eficácia das estratégias que envolvem a teoria das inteligências múltiplas no desempenho em matemática no nível secundário com referência ao objetivo de instrução.

Metodologia:

O investigador adoptou o método experimental para o presente estudo e selecionou o pré-teste, o pós-teste e o desenho de grupo não equivalente para o estudo. Os instrumentos utilizados foram as transcrições de aulas baseadas em estratégias que envolvem inteligência múltipla, transcrições de aulas baseadas no método atual e um teste de aproveitamento em matemática.

Conclusões

O estudo revela que o método de ensino e um teste de realização em matemática. O método de ensino mais eficaz do que o atual em matéria de realização em matemática e as metodologias que envolvem a teoria das inteligências múltiplas foram mais eficazes do que os actuais objectivos de ensino do género.

Gupta Beena (1999) efectuou um estudo comparativo do auto-conceito, do nível de aspiração, da ansiedade e do rendimento escolar de adolescentes isolados. Os resultados indicam que os rapazes e as raparigas não isolados diferem na tendência para se retraírem e na instabilidade emocional e que os rapazes isolados e não isolados diferem no sentimento de adequação e na instabilidade emocional.

Prasad, S (1997) estudou alguns factores importantes para a estabilidade do conceito de Self. A amostra incluía 132 tutores de colégios e universidades. As principais conclusões foram que a mudança social não tinha sido identificada como um fator independente de consistência social. Além disso, a geração mais velha e a mais nova diferiam significativamente em termos de ansiedade, insegurança e autossatisfação.

Abirami, PC et.al (1997) fizeram um esforço bem sucedido para estudar a relação entre os resultados da aprendizagem em grupo, o estilo de atribuição, o rendimento académico e o auto-conceito. O impacto da aprendizagem da matemática em condições de grupo cooperativo bem sucedido e mal sucedido foi estudado em 181 alunos do sétimo ano em Montreal, que tinham um estilo de atribuição orientado para a aprendizagem do desamparo ou da mestria e diferentes resultados anteriores em matemática. A aprendizagem de alunos desamparados e menos capazes pode depender das realizações e do apoio dos colegas de grupo.

Bharathi (1996) efectuou um estudo sobre o auto-conceito e a motivação para a realização dos primeiros adolescentes. A amostra para o estudo foi obtida em escolas secundárias e em estudantes do primeiro ciclo de Hyderabad e Secundrabad, estratificada com base na idade, no sexo e no estatuto socioeconómico. Os resultados indicaram que o autoconceito dos estudantes não foi afetado pelo estatuto socioeconómico. Também não se registaram diferenças significativas nos aspectos pessoais, sociais e de orientação do autoconceito.

Ramaiah, L (1990) efectuou um estudo relacional sobre o envolvimento parental e a autoestima.

- dos estudantes do 9º ano do ensino secundário no distrito educativo de Devakottai. Os objectivos do estudo foram os seguintes Avaliar o nível de envolvimento parental e o autoconceito dos alunos do 9º ano e determinar se existe alguma relação significativa entre o envolvimento parental e o autoconceito dos alunos do 9º ano. Os resultados deste estudo revelaram que existe uma relação significativa entre o envolvimento parental e o autoconceito dos estudantes e que quanto maior o envolvimento parental, melhor o autoconceito.

Vyas (1983), na sua investigação, verificou que os alunos do grupo experimental que receberam tratamento do SPLP (Symbolic picture logic program) apresentaram melhores resultados em matemática do que os alunos do grupo de controlo. O aproveitamento em matemática era independente destas três variáveis, nomeadamente a inteligência e a capacidade de raciocínio silogístico, quando não havia interação entre as três variáveis.

2.4. ESTUDOS EFECTUADOS NO ESTRANGEIRO

Burke (2011) indicou que uma boa relação familiar melhoraria o autoconceito dos estudantes. O autor fez um esforço para estudar a perceção do processo familiar em relação à atitude de autoconceito e ao desempenho dos estudantes. Este estudo reflectiu o facto de que os estudantes com uma boa relação familiar tinham um elevado autoconceito e o seu desempenho académico também era bom.

Barney (2011) estudou o efeito de um programa especial no autoconceito e no desempenho académico de estudantes universitários da Virgínia, EUA. Os principais objectivos deste estudo foram: descobrir o nível de desempenho académico e o autoconceito dos estudantes universitários e também a sua relação significativa com programas especiais de motivação. Estes resultados mostraram que os programas especiais ajudam a aumentar o rendimento académico e o autoconceito dos estudantes em grande medida.

Ahmad rafi e Khairul anuar samsudin (2010) realizaram um estudo sobre a "Relação entre a experiência espacial, os resultados anteriores em matemática e o género e a capacidade percebida na aprendizagem do desenho de engenharia"

Hipótese

1. Os alunos com elevada experiência espacial terão maior capacidade percebida do que os alunos com baixa experiência espacial para aprender desenho de engenharia.
2. Os alunos com elevado aproveitamento em matemática terão maior capacidade percebida do que os alunos com fraco aproveitamento em matemática para aprender desenho de engenharia.
3. Os rapazes têm maior capacidade percebida do que as raparigas para aprender desenho de engenharia.

Ferramentas

Foi elaborado um questionário designado por questionário do estudante Designado por os autores para obter informações sobre Os autores pretendem obter informações sobre os dados demográficos e os antecedentes dos estudantes, incluindo os seus conhecimentos de matemática a partir de três níveis (nono ano) e a sua capacidade para aprender os nonos tópicos do desenho de engenharia. A experiência espacial dos participantes foi medida utilizando o questionário de experiência espacial e foi adaptada da versão inglesa concebida por Mc Danial, guay, Ball e Kollaff (1978).
A experiência espacial foi um fator significativo, tendo uma relação substancial com a capacidade percebida pelos estudantes para aprender desenho de engenharia. Os alunos com mais experiência espacial têm a perceção de que serão capazes de aprender o conteúdo do curso.

Erick Towle (2010) realizou um estudo sobre a "avaliação do auto-conceito e capacidade espacial dos estudantes de engenharia"

Foram utilizados dois testes baseados na Internet com recolha automática de dados para analisar a capacidade espacial e o auto-conceito dos alunos.

Este teste consiste em representações tridimensionais de diferentes objectos, em que o aluno escolhe a sua resposta a partir de uma série de botões radiais no ecrã do computador. O teste de auto-conceito é composto por três perguntas de exemplo para dar instruções ao aluno, seguidas de vinte perguntas. Uma pergunta começa com a apresentação no ecrã de duas imagens de um objeto nas orientações de rotação antes (imagem da esquerda) e depois (imagem da direita). Estas imagens são apresentadas durante três segundos, sendo depois retiradas do ecrã. Foi administrado um segundo teste para medir a capacidade espacial dos alunos, constituído por 20 perguntas de diferentes secções. Dez perguntas baseavam-se na secção de rotação mental de um objeto; as outras dez baseavam-se na secção de rotação mental de uma perspetiva.

Conclusões

A investigação demonstrou que a capacidade espacial afecta o sucesso e a retensão na disciplina de ciências, tecnologia, engenharia e matemática.

Arvidson, CJ (2010), na sua investigação, estudou o desenvolvimento cognitivo, o Self

- conceito, as técnicas de neutralização e a atitude em relação à batota. Os objectivos deste estudo eram: descobrir o nível de desenvolvimento cognitivo, o nível de auto-conceito, etc. Este estudo revelou o facto de os alunos com um elevado conceito de si próprios terem um desenvolvimento cognitivo muito bom.

Fisher, EJ (2010) realizou um estudo comparativo entre alunos do ensino secundário da Herança Africana com fraco e elevado aproveitamento académico, no que diz respeito ao seu **autoconceito.** Este estudo foi realizado para descobrir a influência da cultura e da língua no desempenho académico e no autoconceito dos estudantes. Ficou provado que a cultura influencia o auto-conceito dos indivíduos. Esta conclusão foi comprovada por outros estudos, como o de Chavez e Ramzy.

Chappel, LJ (2008) realizou um estudo aprofundado para descobrir o desempenho académico e o autoconceito dos estudantes da Carolina do Norte, nos EUA. O objetivo do estudo era descobrir o nível de desempenho académico, a assiduidade escolar e o autoconceito dos alunos que participaram no programa pós-escolar dos centros comunitários de aprendizagem do século XXI. Estes resultados provaram que os programas comunitários especiais aumentam certamente o rendimento académico, a assiduidade escolar e o autoconceito.

Ramzy.S (2007) indicou que a cultura está definitivamente a influenciar o Self - conceito de indivíduo. Para provar este ponto de vista, realizou um estudo transcultural sobre os estereótipos de género e o autoconceito, comparando mulheres egípcias e americanas. Este estudo cultural cruzado provou que o auto-conceito das mulheres era influenciado pela cultura. Este ponto de vista foi mais tarde comprovado também por Chavez.

Chavez, MA (Aug, 2006), no México, encontrou provas que sugerem que a língua e a cultura influenciam o **auto-conceito** dos estudantes. Este estudo foi realizado com o objetivo de descobrir o nível de autoconceito das mulheres de origem mexicana cuja primeira língua é o espanhol e que frequentam uma universidade comunitária. Este estudo provou que o nível de auto-conceito das mulheres de origem mexicana era mais elevado do que o das outras e também a influência da língua e da cultura no auto-conceito.

Pino, DM (Jan, 2006) sugere, a partir do seu estudo, que existe uma relação significativa entre. **Auto-conceito** e persistência. O autor tentou estudar o autoconceito e a persistência da primeira geração de estudantes universitários mexicanos-americanos. Este estudo foi realizado no estado do Texas, EUA, e provou que os estudantes com um elevado auto-conceito eram persistentes por natureza.

Green, AL e Reed, E (2005) investigaram as diferenças de contexto social em relação à autoestima e ao auto-conceito durante o final da adolescência. Num estudo com 39 jovens universitários e 43 jovens não universitários, o contexto social diferenciou significativamente **o autoconceito** e a autoestima. Os jovens universitários apresentavam maior autoestima, ajustamento e realização.

House, JD (2004) estudou a relação entre o autoconceito académico e o abandono escolar. Relata um estudo longitudinal de quatro anos com 2.544 estudantes universitários para determinar a relação entre o autoconceito académico e o abandono escolar. Os resultados mostram que o fator de previsão mais significativo do abandono escolar foi o autoconceito do estudante relativamente à sua capacidade académica global.

Rothman, HR e Cosden, M (2002) investigaram a relação entre a auto-perceção das dificuldades de aprendizagem, o auto-conceito e o apoio social entre 56 alunos do ensino básico com dificuldades de aprendizagem. Neste estudo, verificou-se que as crianças com percepções menos negativas das suas dificuldades de aprendizagem apresentavam resultados mais elevados e percepcionavam um auto-conceito mais positivo, competência intelectual e comportamental e apoio dos colegas e dos pais.

Kloomok, S e Cosden, M (2002), na sua tentativa de estudar o autoconceito em crianças com dificuldades de aprendizagem, selecionaram uma amostra de 72 crianças do ensino básico com dificuldades de aprendizagem e exploraram a forma como as crianças mantêm um autoconceito positivo apesar das dificuldades académicas. Este estudo demonstrou que as crianças com elevado autoconceito, em comparação com as crianças com baixo autoconceito, se consideram mais inteligentes, mais competentes em domínios não académicos e recebem mais apoio social.

Allen (2002) realizou o trabalho sobre "grupos de capacidades espaciais" Revista eletrónica internacional de educação elementar vol 1, Issue2, março 2

Allen agrupa a capacidade espacial em três famílias funcionais

a) Identificação de objectos (responder à pergunta "o que é isto")

b) Localização de objectos (responder à pergunta "onde está")

c) Orientação do viajante (responder à pergunta "onde estou")

Segundo o investigador, a família de capacidades "o que é" envolve objectos fixos; a família "onde está" envolve o contexto de situações que incluem um observador fixo ou móvel e objectos móveis e a família "onde estou" envolve um observador móvel e um mundo fixo de objectos e superfícies ambientais.

Pallerend & Seeber (2002) investigaram "A relação entre a capacidade visuo-espacial, as competências matemáticas dos alunos e o aproveitamento em cursos de ciências".

Também estavam interessados em descobrir a influência das capacidades visuo-espaciais e das competências matemáticas nas caraterísticas de elevada taxa de atribuição de muitos cursos introdutórios de ciências de nível universitário. Obtiveram medidas prévias e posteriores de capacidades visuo-espaciais na área da perceção, orientação e visualização de três secções de física introdutória de nível universitário e de uma secção de artes liberais não científicas. O estudo concluiu que existe uma correlação entre a capacidade visuo-espacial e o aproveitamento em cursos de ciências e que a frequência de Física melhora as capacidades visuo-espaciais.

Blote, AW (2000) estudou o auto-conceito do aluno em relação à perceção do tratamento diferenciado. Neste estudo, foram estudadas as percepções dos alunos e dos professores sobre o comportamento diferenciado dos professores em relação aos bons e aos maus alunos de 529 alunos holandeses do ensino básico. Este estudo revelou que os alunos com fraco aproveitamento escolar recebiam mais apoio dos professores.

Neil C Weiner, da Universidade do Arizona, e Sharon E. Robinson, da Universidade do Estado do Arizona (1999), realizaram um estudo sobre "Capacidades cognitivas, personalidade e diferenças de género na realização matemática de adolescentes sobredotados".

O objetivo deste estudo era determinar se os rapazes e as raparigas sobredotados em matemática tinham capacidades cognitivas e factores de personalidade significativamente diferentes e determinar se essas capacidades cognitivas e esses factores de personalidade eram preditores exactos da realização matemática.

Os rapazes (n=77) e as raparigas (n=62) dotados para a matemática realizaram um teste de raciocínio matemático (SAT-M), um teste de raciocínio verbal (SAT-M), uma medida de capacidade espacial (teste de figuras encaixadas) e um teste de personalidade (Inventário Psicológico da Califórnia). Receberam classificações de desempenho em matemática em função do número de cursos de verão concluídos.

Os resultados indicaram que, tanto para as raparigas como para os rapazes, nem a capacidade espacial nem os factores de personalidade previam significativamente a realização matemática. **Tatre (1990)** concluiu que foi estabelecida uma forte correlação positiva entre a realização matemática e a capacidade mental.

Siemankowski e Mc knight(1971)

Os estudantes de ciências estão constantemente sujeitos a diagramas, geralmente de representações bidimensionais de modelos tridimensionais. A necessidade de concetualização tridimensional é necessária para a compreensão da transmissão da energia das ondas, das ligações químicas, dos campos de força, da estrutura do átomo, dos padrões de difração de raios X, do ADN, da divisão celular e de inúmeros outros conceitos e fenómenos encontrados em todos os ramos da ciência.

2.9. CONCLUSÃO

Os investigadores analisaram 52 estudos, dos quais 30 eram estudos indianos e 22 eram estudos estrangeiros. A revisão da literatura e dos estudos relacionados ajuda o investigador a fazer o seu trabalho de uma forma mais correta. Também ajuda a preparar a conceção do presente estudo e a executá-lo prontamente. Os pormenores sobre a metodologia do presente estudo são apresentados no capítulo seguinte.

CAPÍTULO III
METODOLOGIA

3.1.INTRODUÇÃO:

Este capítulo trata da descrição da metodologia seguida pela investigação para estudar a "Inteligência Múltipla em relação ao auto-conceito e ao desempenho em matemática dos alunos do nível X no distrito de Dindigul". São necessários passos operacionais específicos e instrumentos bem construídos. G.C.CRAWFORD "Uma técnica de pensamento sistemática e reflectida, que utiliza ferramentas, instrumentos e procedimentos especializados para obter uma solução mais adequada do problema", o que seria possível através de
. Começa com um problema, recolhe dados ou factos, analisa-os de forma crítica e procura discussões com base nas provas reais.

3.2.INQUÉRITO OU MÉTODO DESCRITIVO:

O inquérito é um procedimento em que os dados são sistematicamente recolhidos através de uma forma de solicitação direta, como uma entrevista presencial, um questionário ou um calendário. De acordo com JOHN.W.BEST (1959), "o inquérito é extensivo e transversal, lidando com um número relativamente grande de casos num determinado momento e produzindo estatísticas que são abstractas de casos particulares". O investigador adaptou o método de inquérito para a investigação.

3.3.TÍTULO DO ESTUDO

"Inteligência múltipla em relação ao auto-conceito e ao desempenho em matemática dos alunos do X Standard no distrito de Dindigul" .

3.4.OBJECTIVOS

- Para descobrir o nível de Inteligência Múltipla entre os alunos do X Standard no distrito de Dindigul.
- Descobrir o nível de auto-conceito entre os estudantes do X Standard no distrito de Dindigul.
- Descobrir o nível de desempenho em Matemática entre os alunos do X Standard no distrito de Dindigul.
- Para descobrir o nível de relação entre Inteligência Múltipla, Auto-conceito e

Realização em Matemática entre os Estudantes do X Standard no Distrito de Dindigul.

HIPÓTESES

1. Não existe uma diferença significativa entre rapazes e raparigas estudantes do nível X na sua inteligência múltipla.
2. Não existe uma diferença significativa entre rapazes e raparigas no que diz respeito ao seu auto-conceito.
3. Não existe uma diferença significativa entre rapazes e raparigas no que diz respeito ao desempenho em matemática dos alunos do nível X.
4. Não existe uma diferença significativa entre os alunos do nível X do Tamil e do Inglês na sua inteligência múltipla.
5. Não existe uma diferença significativa entre os alunos do nível X do Tamil e do Inglês no seu auto-conceito.
6. Não existe uma diferença significativa entre os alunos do nível X do Tamil e do Inglês no que respeita ao seu desempenho em matemática.
7. Não existe uma diferença significativa entre os alunos do nível X rural e urbano no que respeita à sua inteligência múltipla.
8. Não existe uma diferença significativa entre os estudantes rurais e urbanos do nível X no seu auto-conceito.
9. Não existe uma diferença significativa entre os alunos das zonas rurais e urbanas do nível X no que respeita ao seu desempenho em matemática.
10. Não existe uma diferença significativa entre os alunos da escola secundária e da escola secundária diurna do nível X nas suas inteligências múltiplas.
11. Não existe uma diferença significativa entre os alunos da escola secundária e da escola secundária diurna do nível X no seu auto-conceito.
12. Não existe uma diferença significativa entre os alunos da escola secundária e da escola secundária diurna no que respeita ao seu desempenho em matemática.
13. Não existe uma diferença significativa na inteligência múltipla dos alunos do nível X no que diz respeito à sua gestão da escola.
14. Não existe uma diferença significativa no auto-conceito dos alunos do nível X relativamente à sua gestão da escola.
15. Não existe uma diferença significativa no desempenho em matemática dos alunos do nível X em relação à sua gestão da escola.
16. Não existe uma diferença significativa na inteligência múltipla dos alunos do nível X em relação ao tipo de escola que frequentam.
17. Não existe uma diferença significativa no auto-conceito dos alunos do nível X em relação ao tipo de escola que frequentam.

18. Não existe uma diferença significativa no desempenho em matemática dos alunos do nível X em relação ao tipo de escola que frequentam.
19. Não existe uma diferença significativa entre os alunos do nível X da família nuclear e da família mista no que respeita à sua inteligência múltipla.
20. Não existe uma diferença significativa entre os alunos do ensino secundário de famílias nucleares e conjuntas no seu auto-conceito.
21. Não existe uma diferença significativa entre os alunos de famílias nucleares e conjuntas do nível X no que respeita ao seu desempenho em matemática.
22. Não existe uma relação significativa entre a inteligência múltipla e os resultados em matemática dos alunos do nível X.
23. Não existe uma relação significativa entre o auto-conceito e os resultados em matemática dos alunos do nível X.
24. Não existe uma relação significativa entre a inteligência múltipla e o auto-conceito dos alunos do nível X.

3.8 FERRAMENTAS UTILIZADAS

1. Dr. Rajkumar Saraswat Questionário de auto-conceito.
2. Inventário de Inteligência Múltipla de Howard Gardner (1983) é adaptado pelo investigador.
3. X Standard Board Exam marks.

QUESTIONÁRIO DE AUTO-CONCEITO

Descrição

O autoconceito é um traço do padrão de personalidade. Por conseguinte, a medição do autoconceito torna-se essencial. Foram desenvolvidos vários métodos e técnicas para medir o autoconceito. O problema da medição do autoconceito continua, em grande medida, por resolver. A dificuldade de realizar investigação neste domínio reside no facto de o autoconceito não estar muito bem definido e estar em constante evolução.

Existem vários termos que são praticamente sinónimos de autoconceito. Entre eles contam-se "autoimagem", "o ego", "auto-entendimento", "auto-perceção" e "eu fenomenal". Este inventário do autoconceito apresenta seis dimensões distintas, nomeadamente o autoconceito físico, social, intelectual, moral, educativo e temperamental.

Físico: A visão que o indivíduo tem do seu corpo, saúde, físico, aparência e força.

Social: Sentimento de valor do indivíduo nas interações sociais.

Temperamental: A opinião do indivíduo sobre o seu estado emocional predominante ou predominância de um determinado tipo de reação emocional.

Educacional: A visão que o indivíduo tem de si próprio em relação à escola, aos professores e actividades extracurriculares.

Moral: A avaliação que o indivíduo faz do seu valor moral; actividades certas e erradas.

Intelectual: consciência que o indivíduo tem da sua inteligência e da sua capacidade de resolução de problemas e de julgamento.

3.8.1 Dimensões e números de artigo

Dimensões do conceito de self	Números de artigos
Físico	2, 3, 9, 20, 22, 28, 29, 31
Social	1, 8, 21, 37, 40, 43
Temperamental	4, 10, 14, 16, 19, 23, 24, 28
Educação	5, 13, 15, 17, 25, 26, 30, 32
Moral	6, 34, 35, 41, 42, 44, 45
Intelectual	7, 11, 12, 18, 33, 36, 38, 39

As alternativas ou respostas são organizadas de forma a que o sistema de pontuação para todos os itens permaneça o mesmo, ou seja, 5, 4, 3, 2, 1, quer os itens sejam positivos ou negativos. Se a amostra de alunos assinalar a primeira alternativa, a pontuação é 5, a segunda alternativa é 4 e assim por diante. A soma das pontuações de todos os quarenta e cinco itens fornece a pontuação total do autoconceito de um indivíduo. Uma pontuação elevada neste inventário indica um auto-conceito mais elevado, enquanto uma pontuação baixa indica um auto-conceito baixo.

PROCEDIMENTO DE PONTUAÇÃO

CATEGORIA	POSITIVO	NEGATIVO
Concordo totalmente	5	1
Concordo	4	2
Indecisos	3	3
Não concordo	2	4
Discordo totalmente	1	5

3.8.2 INVENTÁRIO DE INTELIGÊNCIA MÚLTIPLA.

O quadro seguinte apresenta as dimensões do inventário de inteligência múltipla.

Dimensões	Números de artigos
Inteligência linguística	1,9,17,25,33,41,48,49
Inteligência lógico-matemática	2,10,18,26,34,42,
Inteligência espacial	3,11.19,27,35,43
Inteligência corporal-cinestésica	4,12,20,28,36,44
Inteligência musical	5,13,21,29,37,45
Inteligência interpessoal	6,14,22,30,38,46
Inteligência intrapessoal	7,15,23,31,39,47
Inteligência naturalista	8,16,24,32,40,,50

PROCEDIMENTO DE PONTUAÇÃO

CATEGORIA	PONTOS
Concordo totalmente	5
Concordo	4
Indecisos	3
Não concordo	2
Discordo totalmente	1

3.9. FIABILIDADE E VALIDADE DO INSTRUMENTO

3.9.1. FIABILIDADE

A fiabilidade de um instrumento de investigação diz respeito à medida em que o instrumento produz os mesmos resultados em ensaios repetidos. Embora a falta de fiabilidade esteja sempre presente em certa medida, os resultados de um instrumento de qualidade recolhidos em momentos diferentes serão geralmente bastante coerentes. O investigador utiliza o método teste-reteste. O coeficiente de fiabilidade é de 0,8 para o inventário de inteligência múltipla e o coeficiente de fiabilidade é de 0,7 para o questionário de auto-conceito. Assim, a fiabilidade foi estabelecida.

3.9.2. VALIDADE

Muito simplesmente, a validade é a medida em que um teste mede o que é suposto medir. A questão da validade é colocada no contexto dos três pontos acima referidos: a forma do teste, o objetivo do teste e a população a que se destina. A validade facial foi estabelecida tendo em conta a opinião de peritos no domínio da educação e da psicologia relativamente a ambos os instrumentos.

3.10. POPULAÇÃO DO ESTUDO

Uma população pode ser definida como qualquer conjunto de pessoas (ou) indivíduos com uma caraterística observável comum. Uma população inclui cada elemento do conjunto de observações que podem ser efectuadas. A população do presente estudo é constituída pelos X alunos do distrito de Dindigul.

3.11. AMOSTRA PARA O ESTUDO

Uma amostra consiste apenas numa observação retirada da população. O investigador utilizou a técnica de amostragem aleatória simples para selecionar a amostra da população. A amostra é constituída por 260 alunos de 7 escolas. As amostras foram manipuladas utilizando as seguintes variáveis: sexo, meio de instrução, localização da escola, permanência atual, direção da escola, tipo de escola e tipo de família. A amostra foi recolhida junto de alunos do nível X no distrito de Dindigul.

3.12.A REPARTIÇÃO DA AMOSTRA FINAL

QUADRO 3.1

S.n.	Variáveis	Subvariáveis	Número de alunos	Total
1.	Género	Masculino	137	260
		Feminino	123	
2.	Meio de ensino	Tamil	139	260
		Inglês	121	
3.	Localidade da escola	Rural	131	260
		Urbano	129	
4.	Residência	Albergues	119	260
		Estudantes de dia	141	
5.	Gestão da escola	Governo	87	260
		Auxílio governamental	91	
		Privado	82	
6.	Tipo de escola	Rapazes	61	260
		Raparigas	62	
		Coeducação	137	
7.	Tipo de família	Nuclear	220	260
		Família conjunta	40	

3.13.ADMINISTRAÇÃO DA FERRAMENTA

Foi preparado um número adequado de cópias do instrumento de dados pessoais do aluno na versão inglesa. O investigador reuniu-se com os sete diretores de escolas secundárias diferentes e obteve autorização prévia para recolher os dados dos seus alunos. O investigador encontrou-se com os alunos nas suas salas de aula. Os objectivos e o âmbito do estudo foram explicados aos inquiridos antes da administração do instrumento e foi-lhes pedido que respondessem. O investigador deu instruções claras sobre a classificação da escala, assinalando a opção relevante. Pediu aos inquiridos que classificassem todas as afirmações sem omitir nenhuma, uma vez que se destinava a ser utilizada para fins de investigação.

3.15. TÉCNICAS ESTATÍSTICAS UTILIZADAS

Foram utilizadas técnicas estatísticas descritivas e inferenciais adequadas na interpretação dos dados para obter uma imagem mais significativa dos resultados dos dados recolhidos. Foram utilizadas as seguintes fórmulas estatísticas para testar as hipóteses do estudo.

1. MÉDIA ARITMÉTICA

A média, normalmente conhecida como média aritmética, é calculada dividindo a soma de todas as pontuações pelo número de pontuações,

$$M = \frac{\Sigma x}{N}$$

Onde,
M = Média aritmética
Σ = Soma das pontuações
X = Pontuações na distribuição N = Número de itens

2. DESVIO PADRÃO

O desvio-padrão , a raiz quadrada da variância, é mais frequentemente utilizado como medida de dispersão de resultados numa distribuição.

$$S.D = \frac{1}{N \sqrt{(N\Sigma X^2 - (\Sigma X)^2}}$$

S.D=Desvio padrão N=Número de pontuações X=Pontuações na distribuição
Σoma das pontuações

3. 't' - TESTE

O teste "t" é utilizado para determinar a diferença significativa entre as médias de duas variáveis.

$$\text{The formula to find's' value is } t = \frac{M_1 - M_2}{\sqrt{\frac{S_1^2}{N_1} + \frac{S_2^2}{N_2}}}$$

Onde
M_1 = Média do primeiro grupo
M_2 = Média do segundo grupo
S_1 = Desvio-padrão do primeiro grupo

S_2 = Desvio-padrão do segundo grupo N_1 = Dimensão do primeiro grupo
N_2 = Dimensão do segundo grupo

4. ANOVA

A análise de variância foi utilizada para determinar a diferença entre as variáveis
Variância quadrada média entre os grupos

$$F = \overline{\qquad\qquad\qquad}$$

Variância quadrada média dentro dos grupos

5. CORRELAÇÃO DO MOMENTO DO PRODUTO DE PEARSON:

Para descobrir a relação entre as variáveis, o produto de Pearson
foi utilizada a correlação de momentos

$$\gamma = \frac{N\Sigma xy - (\Sigma x)(\Sigma y)}{\sqrt{N\Sigma x^2 - (\Sigma x)^2}\sqrt{N\Sigma y^2 - (\Sigma y)^2}}$$

Onde, N = Número total de pares X,Y = Pontuação bruta
y = coeficiente de correlação

3.11. CONCLUSÃO

O capítulo III descreve a metodologia adoptada para a realização de um estudo sistemático sobre "Inteligência múltipla dos alunos do nível X do distrito de Dindigul em relação ao autoconceito e ao desempenho em matemática". O tipo de investigação, a seleção da amostra, a recolha de dados e o tratamento estatístico foram abordados neste capítulo. Isto ajudou o investigador a prosseguir o estudo de uma forma abrangente. Os pormenores da análise dos dados são apresentados no capítulo IV.

CAPÍTULO IV

ANÁLISE E INTERPRETAÇÃO DOS DADOS

4.1.INTRODUÇÃO

A análise de dados significa estudar o material organizado para descobrir factos inerentes. Os dados são estudados do maior número possível de ângulos para explorar os novos factos.

Segundo o Prof. Wilkinson e Bhandarka, "a análise de dados envolve um certo número de operações estreitamente relacionadas que são efectuadas com o objetivo de resumir os dados recolhidos e de os organizar de forma a que possam dar resposta às questões ou hipóteses de investigação que iniciaram o estudo".

Neste capítulo, são discutidas as análises dos dados e as interpretações dos resultados. Os dados são descritos em termos de média e desvio padrão. Os dados recolhidos foram submetidos a tratamentos estatísticos para testar as hipóteses e são apresentados em forma de tabela.

A análise estatística é o processo de recolha, análise e interpretação dos dados numéricos e é uma das etapas básicas do processo de investigação. Neste capítulo, o investigador utiliza a média, o desvio padrão e o teste "t", a ANOVA e a análise da correlação de Pearson para analisar os dados.

A análise de dados significa estudar o material tabelado para determinar os factos ou significados inerentes. Envolve a decomposição de factores complexos existentes em partes simples e a junção dessas partes em novas disposições para efeitos de interpretação. Um plano de análise pode ser feito antecipadamente, antes da recolha efectiva dos dados. Os dados recolhidos foram analisados e os resultados são apresentados a seguir.

4.2.VERIFICAÇÃO DAS HIPÓTESES

HIPÓTESE 1

Não existe uma diferença significativa entre rapazes e raparigas do nível X na sua inteligência múltipla.

Distribuição do valor "t" entre as pontuações médias dos rapazes e das raparigas da norma X nas suas inteligências múltiplas.

QUADRO.4.2.1

Género	N	Média	Desvio padrão	valor "t	Nível de significância
Rapazes	137	175.18	30.78	0.182	NS*
Raparigas	123	174.43	35.78		

NS*- Não significativo ao nível de 0,05.

O valor "t" obtido, 0,182, não é significativo, uma vez que é inferior ao valor crítico 1,96 a um nível de significância de 0,05. Por conseguinte, a hipótese nula é aceite.

Conclui-se que não existe uma diferença significativa entre rapazes e raparigas no que respeita à inteligência múltipla. Ambos se encontram no mesmo nível.

HIPÓTESE 2

Não existe uma diferença significativa entre rapazes e raparigas no que diz respeito ao seu auto-conceito.

Distribuição do valor 't' entre as pontuações médias dos alunos do sexo masculino e do sexo feminino no seu auto-conceito.

QUADRO.4.2.2

Género	N	Média	SD	't' Valor	Nível de significância
Rapazes	137	164.13	32.17	0.857	NS*
Raparigas	123	167.75	36.04		

NS*- Não significativo ao nível de 0,05.

O valor "t" obtido de 0,857 não é significativo, uma vez que é inferior ao valor crítico de 1,96 ao nível de significância de 0,05. Conclui-se que não há diferença significativa entre rapazes e raparigas no que respeita ao seu autoconceito. Ambos se encontram no mesmo nível.

HIPÓTESE 3

Não existe uma diferença significativa entre rapazes e raparigas no que diz respeito ao desempenho em matemática dos alunos do nível X.

Distribuição do valor 't' entre as classificações médias dos rapazes e das raparigas dos alunos do X Standard no seu desempenho em matemática.

QUADRO4.2.3

Género	N	Média	Desvio padrão	valor "t	Nível de significância
Rapazes	137	80.18	14.80	0.620	NS*
Raparigas	123	81.40	17.04		

NS* - Não significativo ao nível de 0,05.

O valor "t" obtido, 0,620, não é significativo, uma vez que é inferior ao valor crítico 1,96 a um nível de significância de 0,05. Por conseguinte, a hipótese nula é aceite. Conclui-se que não existe uma diferença significativa entre rapazes e raparigas no que se refere ao desempenho em matemática. Ambos se encontram no mesmo nível de desempenho em matemática.

HIPÓTESE 4

Não existe uma diferença significativa entre os alunos do nível X do Tamil e do Inglês na sua inteligência múltipla.

Distribuição do valor "t" entre as pontuações médias dos alunos de Tamil e de Inglês nas suas inteligências múltiplas.

QUADRO4.2.4

Médio	N	Média	Desvio padrão	't' valor	Nível de significância
Tamil	139	172.08	33.17	1.98	S*
Inglês	121	177.99	33.03		

S*- Significativo ao nível de 0,05.

O valor "t" obtido de 1,98 é significativo, uma vez que é superior ao valor crítico de 1,96 ao nível de significância de 0,05. Conclui-se que existe uma diferença significativa entre os estudantes do ensino secundário de nível médio tâmil e inglês no que respeita à sua inteligência múltipla. Além disso, a pontuação média mais elevada dos estudantes ingleses indica que têm melhor inteligência múltipla do que os estudantes tamil.

Pontuações médias dos alunos do Tamil e do Inglês médio X nas suas Inteligências Múltiplas.

Fig. 4.01.

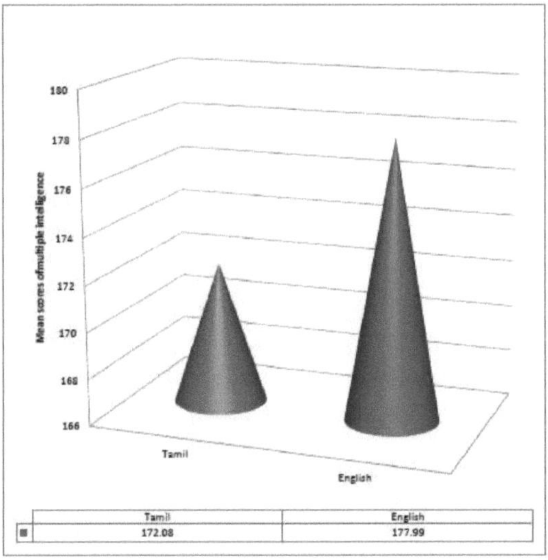

HIPÓTESE 5

Não existe uma diferença significativa entre os alunos do nível X do Tamil e do Inglês no seu auto-conceito.

Distribuição do valor "t" entre as pontuações médias de tamil e Estudantes de inglês médio no seu auto-conceito.

QUADRO.4.2.5

Médio	N	Média	Padrão desvio	't' valor	Nível de significância
Tamil	139	162.31	34.59		
Inglês	121	169.90	33.07	1.961	S*

S*- Significativo ao nível de 0,05.

O valor "t" obtido de 1,961 é significativo, uma vez que é superior ao valor crítico de 1,96 ao nível de significância de 0,05. Por conseguinte, a hipótese nula é rejeitada. Conclui-se que existe uma diferença significativa entre os alunos de língua tâmil e inglesa no seu auto-conceito. Revela também que os alunos da média inglesa têm mais auto-conceito do que os alunos da média tamil.

Pontuações médias dos estudantes de Tamil e de Inglês na sua autoavaliação conceito Fig. 4.02

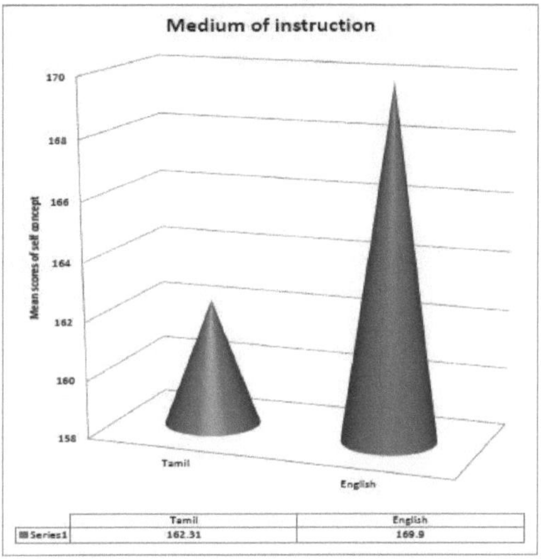

HIPÓTESE 6

Não existe uma diferença significativa entre os alunos de língua tâmil e inglesa no que respeita ao seu desempenho em matemática.

Distribuição do valor 't' entre as classificações médias dos alunos de média tamil e inglesa no seu desempenho em matemática.

QUADRO.4.2.6

Médio	N	Média	Desvio padrão	valor "t	Nível de significado
Tamil	139	78.84	16.64		
Inglês	121	81.80	14.96	1.97	S*

S*- Significativo ao nível de 0,05.

O valor "t" obtido é significativo, uma vez que é superior ao valor crítico 1,96 ao nível de significância de 0,05. Por conseguinte, a hipótese nula é rejeitada. Conclui-se que existe uma diferença significativa entre os alunos de Tamil e de Inglês no que respeita aos seus resultados em Matemática.

Revela também que os alunos da média inglesa têm melhores resultados a nível da matemática do que os alunos da média tamil.

Pontuações médias dos alunos de média Tamil e Inglês no seu desempenho em matemática.

Fig. 4.03

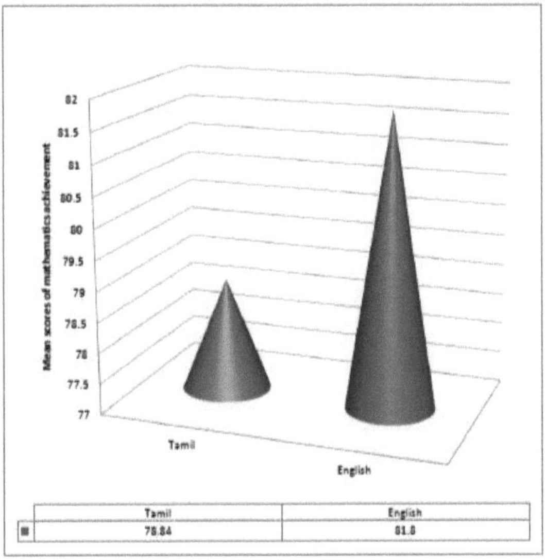

HIPÓTESE 7

Não existe uma diferença significativa entre os alunos do nível X rural e urbano no que respeita à sua inteligência múltipla.

Distribuição do valor "t" entre as pontuações médias das populações rural e estudantes urbanos na sua inteligência múltipla.

QUADRO.4.2.7

Localização	N	Média	Desvio padrão	valor "t	Nível de significado
Rural	131	178.24	31.02	1.998	S*
Urbano	129	171.37	35.10		

S*- Significativo ao nível de 0,05.

O valor "t" obtido, 1,998, é significativo, uma vez que é superior ao valor crítico 1, ao nível de significância de 0,05. Por conseguinte, a hipótese nula é rejeitada. Conclui-se que existe uma diferença significativa entre os estudantes rurais e urbanos no que respeita à sua inteligência múltipla. Revela também que os estudantes rurais têm melhor inteligência múltipla do que os estudantes urbanos.

Pontuações médias dos alunos rurais e urbanos nas suas inteligências múltiplas

Fig. 4.03

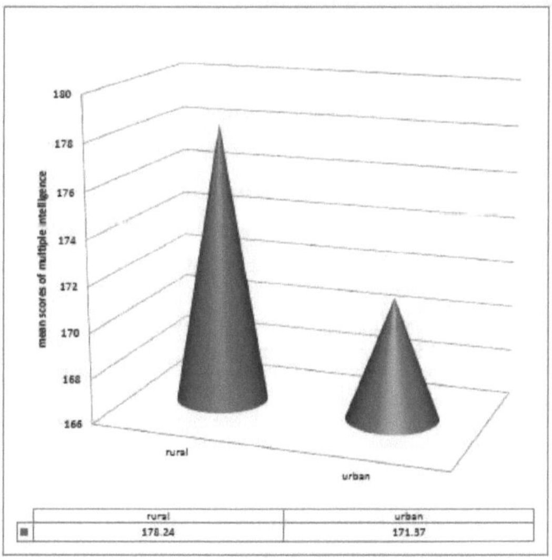

HIPÓTESE 8

Não existe uma diferença significativa entre os estudantes rurais e urbanos no seu auto-conceito.

Distribuição do valor 't' entre as pontuações médias dos alunos rurais e urbanos no seu auto-conceito.

QUADRO.4.2.8

Localização	N	Média	Desvio padrão	valor "t	Nível de significado
Rural	131	164.88	33.39	0.458	NS*
Urbano	129	166.82	34.79		

NS*-Não significativo ao nível de 0,05.

O valor "t" obtido, 0,458, não é significativo, uma vez que é inferior ao valor crítico 1,96 a um nível de significância de 0,05. Por conseguinte, a hipótese nula é aceite. Conclui-se que não existe uma diferença significativa entre os estudantes rurais e urbanos no que respeita ao seu autoconceito. Ambos se encontram no mesmo nível.

HIPÓTESE 9

Não existe uma diferença significativa entre os alunos das escolas rurais e urbanas no que respeita ao seu desempenho em matemática.

Distribuição do valor "t" entre as classificações médias dos alunos das zonas rurais e urbanas no que respeita aos seus resultados em matemática.

QUADRO.4.2.9

Localidade	N	Média	Desvio padrão	valor "t	Nível de significância
Rural	131	81.87	14.51	1.13	NS*
Urbano	129	79.63	17.14		

NS*-Significativo ao nível de 0,05.

O valor "t" obtido, 1,13, não é significativo, uma vez que é inferior ao valor crítico 1,96 ao nível de significância de 0,05. Por conseguinte, a hipótese nula é aceite. Conclui-se que não existe uma diferença significativa entre os alunos de escolas rurais e urbanas no que respeita aos seus resultados em matemática.

HIPÓTESE 10

Não existe uma diferença significativa entre os alunos da escola secundária e da escola secundária diurna do nível X nas suas inteligências múltiplas.

Distribuição do valor "t" entre as pontuações médias dos alunos do internato e dos alunos do externato nas suas inteligências múltiplas.

QUADRO.4.2.10

Estadia atual	N	Média	Desvio padrão	valor "t	Nível de significado
Albergue	119	170.19	33.29		
Bolseiro de dia	141	180.33	32.32	2.48	S*

S*-Significativo ao nível de 0,05.

O valor "t" obtido de 2,48 é significativo, uma vez que é superior ao valor crítico de 1,96 ao nível de significância de 0,05. Por conseguinte, a hipótese nula é rejeitada.

Conclui-se que existe uma diferença significativa entre os estudantes que frequentam o internato e os que frequentam o externato no que respeita à sua inteligência múltipla.

Além disso, a pontuação média mais elevada dos estudantes bolseiros diurnos indica que estes têm uma inteligência múltipla superior à dos estudantes do internato.

Pontuações médias dos alunos do internato e do externato nas suas inteligências múltiplas

Fig. 4.05

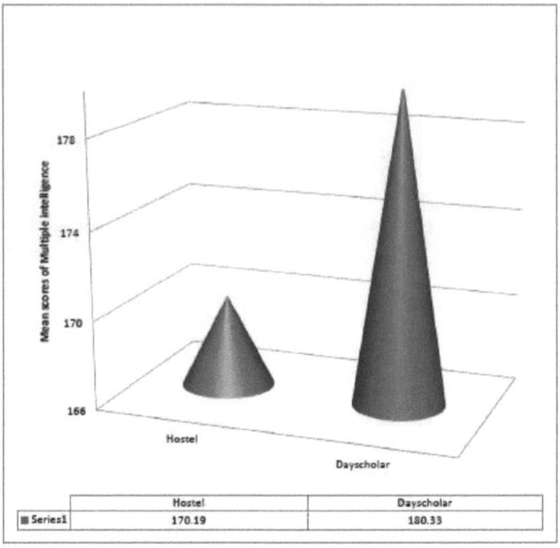

HIPÓTESE 11

Não existe uma diferença significativa entre os alunos do centro de acolhimento e os alunos do centro de dia no seu auto-conceito.

Distribuição do valor 't' entre as pontuações médias dos estudantes do internato e do externato no seu auto-conceito.

QUADRO.4.2.11

Estadia atual do estudante	N	Média	Desvio padrão	valor "t	Nível de significância
Alberguista	119	164.48	35.02	0.710	NS*
Bolseiro de dia	141	167.47	32.91		

NS*- Não significativo ao nível de 0,05.

O valor "t" obtido, 0,710, não é significativo, uma vez que é inferior ao valor crítico 1,96 a um nível de significância de 0,05. Por conseguinte, a hipótese nula é aceite.

Conclui-se que não existe uma diferença significativa entre os alunos dos centros de acolhimento e os alunos dos centros de dia no seu auto-conceito. Ambos se encontram no mesmo nível de auto-conceito.

HIPÓTESE 12

Não existe uma diferença significativa entre os alunos do internato e os alunos do externato no que respeita ao seu desempenho em matemática.

Distribuição do valor 't' entre as classificações médias dos alunos do internato e dos alunos do externato no seu desempenho em matemática.

QUADRO.4.2.12

Estadia atual do estudante	N	Média	Desvio padrão	valor "t	Nível de significância
Alberguista	119	79.24	16.98	1.68	NS*
Bolseiro de dia	141	82.56	14.33		

NS*- Não significativo ao nível de 0,05.

O valor "t" obtido, 1,68, não é significativo, uma vez que é inferior ao valor crítico 1,96 ao nível de significância de 0,05. Por conseguinte, a hipótese nula é aceite. Conclui-se que não existe uma diferença significativa entre os alunos dos centros de acolhimento e os alunos dos centros de dia no que respeita aos seus resultados em matemática. Ambos se encontram no mesmo nível de desempenho em matemática.

HIPÓTESE 13

Não existe uma diferença significativa na inteligência múltipla dos alunos do nível X relativamente à sua gestão da escola. Para descobrir a diferença significativa entre as inteligências múltiplas e a sua gestão da escola, foi utilizado o teste "ANOVA".

Distribuição do valor "F" entre as pontuações médias dos estudantes do ensino secundário superior público, público e privado nas suas inteligências múltiplas.

QUADRO.4.2.13

Fonte	Soma de quadrados	Df	Quadrado médio	F	Nível de significado
Entre grupos	4324.362	2	2162.181	1.979	NS*
Dentro dos grupos	280803.52	257	1092.62		
Total	285127.888	259			

NS* - não significativo ao nível de 0,05

O valor "F" obtido, 1,979, não é significativo, uma vez que é inferior ao valor crítico 2,99 ao nível de significância de 0,05. Por conseguinte, a hipótese nula é aceite.

HIPÓTESE 14

Não existe uma diferença significativa no auto-conceito relativamente à sua gestão da escola.

Para determinar a diferença significativa no auto-conceito em relação à gestão da escola, foi utilizado o teste 'ANOVA'.

Distribuição do valor "F" entre as pontuações médias dos estudantes do ensino secundário superior público, privado e com apoio escolar no seu auto-conceito

QUADRO.4.2.14(i)

Fonte	Soma de quadrados	Df	Quadrado médio	F	Nível de significância
Entre grupos	4904.676	2	2452.338	2.134	NS*
Dentro dos grupos	295275.170	257	1148.931		
Total	300179.846	259			

NS* denota significância ao nível 0,05

O valor "F" obtido, 2,134, não é significativo, uma vez que é inferior ao valor crítico 2,99 ao nível de significância de 0,05. Por conseguinte, a hipótese nula é aceite.

HIPÓTESE 15

Não existe uma diferença significativa nos resultados em matemática relativamente à sua gestão da escola.

Para determinar a diferença significativa no desempenho em matemática relativamente à gestão da escola, foi utilizado o teste 'ANOVA'.

Distribuição do valor 'F' entre as classificações médias dos alunos de escolas públicas, públicas e privadas no seu desempenho em matemática.

QUADRO.4.2.15(i)

Fonte	Soma de quadrados	Df	Quadrado médio	F	Nível de significância
Entre grupos	485.004	2	242.502	0.961	NS*
Dentro dos grupos	64876.211	257	252.437		
Total	65361.215	259			

NS* - Não significativo ao nível de 0,05

O valor "F" obtido, 0,961, não é significativo, uma vez que é inferior ao valor crítico 2,99 ao nível de significância de 0,05. Por conseguinte, a hipótese nula é aceite.

HIPÓTESE 16

Não existe uma diferença significativa na inteligência múltipla dos alunos do nível X em relação ao tipo de escola que frequentam.

Para descobrir a diferença significativa na inteligência múltipla com relativamente ao seu tipo de escola foi utilizado o teste 'ANOVA'.

Distribuição do valor 'F' entre as pontuações médias dos rapazes, raparigas e estudantes do ensino misto nas suas inteligências múltiplas.

QUADRO.4.2.16(i)

Fonte	Soma de quadrados	Df	Quadrado médio	F	Nível de significância
Entre grupos	2700.988	2	1350.494	1.229	NS*
Dentro dos grupos	282426.90	257	1098.93		
Total	285127.88	259			

NS*- Não significativo ao nível de 0,05

O valor "F" obtido, 1,229, não é significativo, uma vez que é inferior ao valor crítico 2,99 ao nível de significância de 0,05. Por conseguinte, a hipótese nula é aceite.

HIPÓTESE 17

Não existe uma diferença significativa no auto-conceito dos alunos do nível X em relação ao tipo de escola que frequentam.

Distribuição do valor 'F' entre as pontuações médias dos rapazes, raparigas e estudantes do ensino secundário no seu auto-conceito.

QUADRO.4.2.17(i)

Fonte	Soma de quadrados	Df	Quadrado médio	F	Nível de significância
Entre grupos	8921.18	2	4460.59	3.936	S*
Dentro dos grupos	291258.66	257	1133.30		
Total	300179.846	259			

S*- Significativo ao nível de 0,05

O valor "F" obtido, 3,936, é significativo, uma vez que é superior ao valor crítico 2,99 ao nível de significância de 0,05. Por conseguinte, a hipótese nula é rejeitada.

Diferença significativa entre as pontuações médias do auto-conceito dos alunos em função do tipo de escola

QUADRO.4.2.15 (ii)

Tipo de escola	N	Média	Desvio padrão	Valor P	Nível de significância
Rapazes	61	160.81	35.23	0.931	NS*
Raparigas	62	158.62	37.32		
Co-educação	137	171.35	31.12	0.107	NS*
Rapazes	61	160.81	35.23		
Raparigas	62	158.62	37.32	0.038	S*
Co-educação	137	171.35	31.12		

NS*- Não significativo ao nível de 0,05 S*- Significativo ao nível de 0,05

Conclui-se que,

1. Não existe uma diferença significativa entre os alunos de escolas masculinas e femininas no seu auto-conceito.
2. Não há diferenças significativas entre os alunos de escolas masculinas e mistas no seu auto-conceito.
3. Existe uma diferença significativa entre os alunos do sexo feminino e os alunos do ensino secundário no seu auto-conceito.

Além disso, a pontuação média mais elevada dos alunos da escola mista indica que estes têm um melhor auto-conceito do que os seus homólogos.

Pontuações médias de rapazes, raparigas e alunos de escolas de educação secundária na sua autoavaliação

- conceito Fig. 4.06

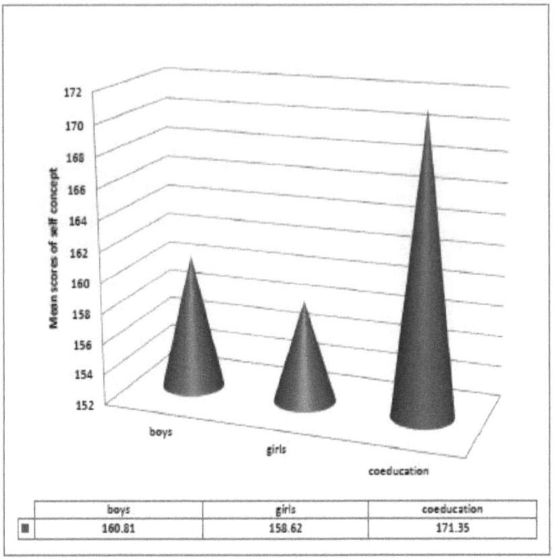

HIPÓTESE 18

Não existe uma diferença significativano desempenho matemático em relação ao tipo de escola.

Para determinar a diferença significativa no desempenho em matemática em relação ao tipo de escola, foi utilizado o teste 'ANOVA'.

Distribuição do valor 'F' entre as classificações médias dos rapazes, raparigas e estudantes do ensino secundário em regime de co-educação no que respeita ao seu desempenho em matemática.

QUADRO.4.2.16(i)

Fonte	Soma de quadrados	Df	Quadrado médio	F	Nível de significância
Entre grupos	58.53	2	29.26	0.115	NS*
Dentro dos grupos	65302.68	257	254.09		
Total	65361.215	259			

NS*- Não significativo ao nível de 0,05

O valor "F" obtido, 0,115, não é significativo, uma vez que é inferior ao valor crítico 2,99 ao nível de significância de 0,01. Por conseguinte, a hipótese nula é aceite.

HIPÓTESE 19

Não existe uma diferença significativa entre os alunos de famílias nucleares e conjuntas no que respeita à sua inteligência múltipla.

Distribuição do valor "t" entre as pontuações médias dos estudantes do ensino secundário de famílias nucleares e conjuntas nas suas inteligências múltiplas.

QUADRO.4.2.19

Tipo de família	N	Média	Desvio padrão	't 'valor	Nível de significância
Nuclear	220	176.78	31.33	2.24	S*
Conjunto	40	164.12	40.72		

S*- significativo ao nível de 0,05.

O valor "t" obtido de 2,24 é significativo, uma vez que é superior ao valor crítico de 1,96 ao nível de significância de 0,05. Por conseguinte, a hipótese nula é rejeitada. Conclui-se que existe uma diferença significativa entre os alunos de famílias nucleares e conjuntas no que respeita à sua inteligência múltipla. Além disso, a pontuação média mais elevada dos estudantes de famílias nucleares indica que estes têm uma inteligência múltipla melhor do que os estudantes de famílias conjuntas.

Pontuações médias dos alunos de famílias nucleares e conjuntas nas suas inteligências múltiplas

Fig. 4.7

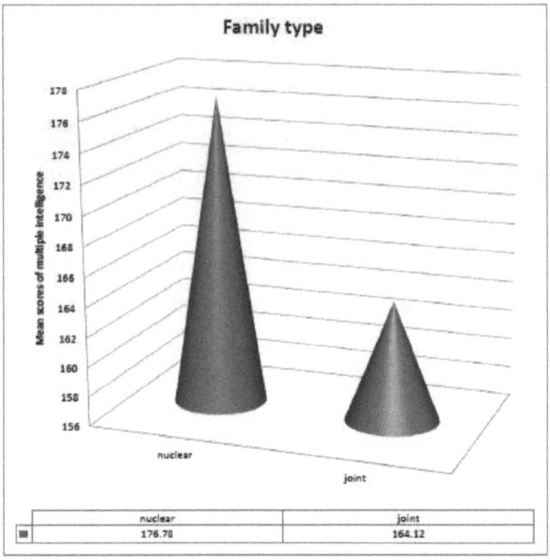

HIPÓTESE 20

Não há diferenças significativas entre os estudantes de famílias nucleares e conjuntas no seu auto-conceito.

Distribuição do valor "t" entre as pontuações médias dos sistemas nuclear e os estudantes de famílias conjuntas no seu auto-conceito.

QUADRO.4.2.19

Tipo de família	N	Média	Desvio padrão	't 'valor	Nível de significância
Nuclear	220	168.74	31.97	3.28	S**
Conjunto	40	149.90	40.58		

S*- Significativo ao nível de 0,01.

O valor "t" obtido de 3,28 é significativo, uma vez que é superior ao valor crítico de 2,58 ao nível de significância de 0,01. Por conseguinte, a hipótese nula é rejeitada. Conclui-se que existe uma diferença significativa entre os alunos de famílias nucleares e conjuntas no que respeita à sua inteligência múltipla. Além disso, a pontuação média mais elevada dos estudantes de famílias nucleares indica que têm melhor auto-conceito do que os estudantes de famílias conjuntas.

Pontuações médias dos estudantes de famílias nucleares e conjuntas no seu auto-conceito

Fig. 4.8

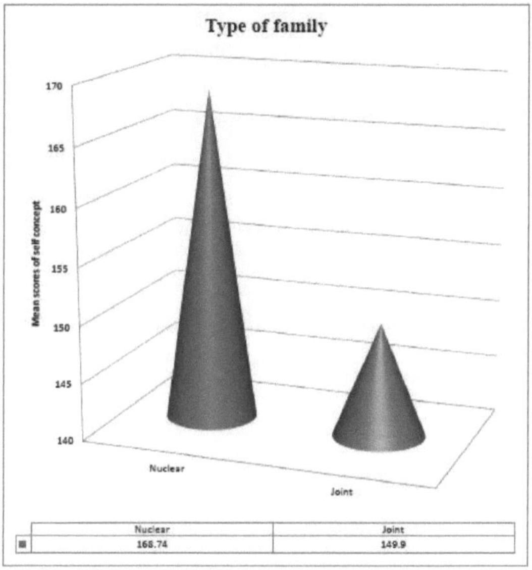

HIPÓTESE 21

Não existe uma diferença significativa entre os alunos de famílias nucleares e conjuntas no que respeita aos seus resultados em matemática.

Distribuição do valor 't' entre as classificações médias dos alunos de famílias nucleares e conjuntas no seu desempenho em matemática.

QUADRO.4.2.21

Tipo de família	N	Média	Desvio padrão	't 'valor	Nível de significância
Nuclear	220	82.15	15.10	3.371	S**
Conjunto	40	73.12	17.99		

S**- Significativo ao nível de 0,01.

O valor "t" obtido, 3,371, é significativo, uma vez que é superior ao valor crítico 2,58 ao nível de significância de 0,01. Conclui-se que existe uma diferença significativa entre os alunos de famílias nucleares e conjuntas no que respeita aos seus resultados em matemática. Além disso, a pontuação média mais elevada dos alunos de famílias nucleares indica que estes têm melhores resultados a matemática do que os alunos de famílias conjuntas.

Resultados médios de matemática dos alunos de famílias nucleares e conjuntas

Fig. 4.9

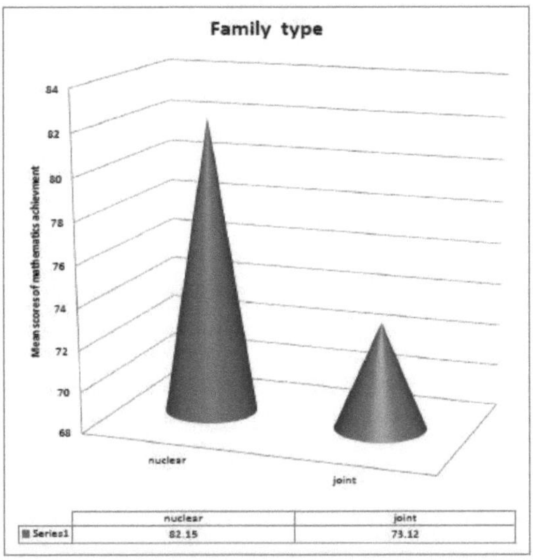

HIPÓTESE 22

Não existe uma relação significativa entre a inteligência múltipla e os resultados em matemática dos alunos do nível X.
Para determinar a relação significativa entre a inteligência múltipla e os resultados em matemática dos alunos do nível X, foi utilizada a "análise de correlação produto-momento de Pearson".

QUADRO.4.22

Correlação entre o desempenho em matemática e a inteligência múltipla	Inteligência múltipla
Resultados em matemática	.623*

Conclui-se que existe uma correlação positiva entre a inteligência múltipla e o desempenho em matemática.

HIPÓTESE 23

Não existe uma relação significativa entre o auto-conceito e os resultados em matemática dos alunos do nível X.
Para descobrir a relação significativa entre o auto-conceito e os resultados em matemática dos alunos do ensino secundário, foi utilizada a análise de correlação produto-momento de Pearson.

QUADRO.4..23

Correlação entre o desempenho em matemática e o auto-conceito	Auto-conceito
Resultados em matemática	.552*

Conclui-se que existe uma correlação positiva entre o auto-conceito e a realização em matemática.

HIPÓTESE 24

Não existe uma relação significativa entre o auto-conceito e a inteligência múltipla dos alunos do nível X.

Para determinar a relação significativa entre o auto-conceito e a inteligência múltipla dos estudantes da X Standard, foi utilizada a "análise de correlação produto-momento de Pearson".

QUADRO.4.23

Correlação entre inteligência múltipla e auto-conceito	Auto-conceito
Inteligência múltipla	.777*

Conclui-se que existe uma correlação positiva entre o auto-conceito e a inteligência múltipla.

4.3 CONCLUSÃO

Este capítulo tratou da análise estatística e da interpretação dos dados recolhidos e, a partir dessa análise e interpretação, chegar-se-á a conclusões que serão discutidas no capítulo seguinte.

CAPÍTULO V

RESUMO E CONCLUSÃO

5.1. INTRODUÇÃO

Neste capítulo, o investigador apresentou um resumo das conclusões, resultados e algumas sugestões e recomendações para benefício dos interessados no mesmo domínio de estudo. A análise estatística efectuada em diferentes áreas e os resultados são apresentados neste capítulo.

5.2 .RESUMO DO ESTUDO

No presente estudo, o investigador identificou o problema para descobrir a Inteligência Múltipla em relação ao auto-conceito e ao desempenho em Matemática dos alunos do nível X no distrito de Dindigul. O investigador adaptou o método de inquérito para o estudo. A população do presente estudo é constituída pelos alunos do nível X do distrito de Dindigul. O investigador utilizou a técnica de amostragem aleatória simples para selecionar uma amostra de diferentes categorias da população. A amostra é constituída por 260 alunos de diferentes escolas do distrito de Dindigul. O investigador utilizou o inventário de inteligência múltipla e o questionário de auto-conceito para a recolha de dados. Para a realização do exame de matemática, foram utilizadas as notas do exame de matemática do quadro normalizado. Para analisar os dados recolhidos, o investigador utilizou a média, o desvio padrão, o teste "t", a ANOVA e a correlação produto-momento de Pearson. O resultado indica que existe uma relação positiva significativa entre Inteligência Múltipla, Auto-conceito e Realização em Matemática.

TÍTULO DO ESTUDO

O título do estudo é **"Multiple Intelligence in Relation to Self - concept and Mathematics Achievement of X Standard Students in Dindigul District" (Inteligência múltipla em relação com o auto-conceito e os resultados a nível da matemática dos alunos do nível X no distrito de Dindigul).**

OBJECTIVOS DO ESTUDO

- Para descobrir o nível de Inteligência Múltipla entre os alunos do X Standard no distrito de Dindigul.
- Descobrir o nível de auto-conceito entre os estudantes do X Standard no

distrito de Dindigul.

•Descobrir o nível de desempenho em Matemática entre os alunos do X Standard no distrito de Dindigul.

•Descobrir o nível de relação entre Inteligência Múltipla, Auto-conceito e realização em matemática entre os alunos do X Standard no distrito de Dindigul.

MÉTODO ADAPTADO AO ESTUDO

O método de inquérito foi adaptado pelo investigador

FERRAMENTAS UTILIZADAS

1. Dr. Rajkumar Saraswat Questionário de auto-conceito.
2. O Inventário de Inteligência Múltipla de Howard Gardner (1983) é adaptado pelo investigador.
3. Notas do exame da X Standard Board

TÉCNICA DE AMOSTRAGEM ADAPTADA AO ESTUDO

O investigador recolheu os dados de 260 estudantes do ensino secundário através da técnica de amostragem aleatória simples.

ANÁLISE ESTATÍSTICA

Os dados foram analisados utilizando a média, o desvio padrão, o teste "t", o teste ANOVA e a análise de correlação do momento do produto de Pearson.

5.3 PRINCIPAIS CONCLUSÕES

1. Não existe uma diferença significativa entre rapazes e raparigas estudantes do nível X na sua inteligência múltipla.
2. Não existe uma diferença significativa entre rapazes e raparigas no que diz respeito ao seu auto-conceito.
3. Não existe uma diferença significativa entre rapazes e raparigas no que diz respeito ao desempenho em matemática dos alunos do nível X.
4. Existe uma diferença significativa entre os alunos do nível X do Tamil e do Inglês na sua inteligência múltipla.
5. Existe uma diferença significativa entre os alunos do nível X do Tamil e do Inglês no seu auto-conceito.
6. Existe uma diferença significativa entre os alunos do nível X do Tamil e do Inglês no que respeita ao seu desempenho em matemática.

7. Existe uma diferença significativa entre os alunos do nível X rural e urbano no que respeita à sua inteligência múltipla.

8. Não existe uma diferença significativa entre os alunos rurais e urbanos do X Standard no seu auto-conceito.

9. Não existe uma diferença significativa entre os alunos das zonas rurais e urbanas do nível X no que respeita ao seu desempenho em matemática.

10. Existe uma diferença significativa entre os alunos da escola secundária e os alunos da escola secundária de dia no que respeita às suas inteligências múltiplas.

11. Não existe uma diferença significativa entre os alunos da escola secundária e da escola secundária diurna do nível X no seu auto-conceito.

12. Não existe uma diferença significativa entre os alunos da escola secundária e da escola secundária diurna no que respeita ao seu desempenho em matemática.

13. Não existe uma diferença significativa na inteligência múltipla dos alunos do nível X no que diz respeito à sua gestão da escola.

14. Não existe uma diferença significativa no auto-conceito dos alunos do nível X no que diz respeito à sua gestão da escola

15. Não existe uma diferença significativa no desempenho em matemática dos alunos do nível X em relação à sua gestão da escola.

16. Não existe uma diferença significativa na inteligência múltipla dos alunos do nível X em relação ao tipo de escola que frequentam.

17. Existe uma diferença significativa no auto-conceito dos alunos do nível X em relação ao tipo de escola que frequentam.

18. Não existe uma diferença significativa no desempenho em matemática dos alunos do nível X relativamente ao tipo de escola que frequentam.

19. Existe uma diferença significativa entre os alunos de famílias nucleares e conjuntas do nível X na sua inteligência múltipla.

20. Existe uma diferença significativa entre os alunos de famílias nucleares e conjuntas do nível X no seu auto-conceito.

21. Existe uma diferença significativa entre os alunos de famílias nucleares e conjuntas do nível X no que respeita ao seu desempenho em matemática.

22. Existe uma relação significativa entre a inteligência múltipla e os resultados em matemática dos alunos do nível X.

23. Existe uma relação significativa entre o auto-conceito e os resultados em matemática dos alunos do nível X.

24. Existe uma relação significativa entre a inteligência múltipla e o auto-conceito dos alunos do nível X.

5.4.RESULTADOS E INTERPRETAÇÃO GÉNERO:

1. Não existe uma diferença significativa entre rapazes e raparigas estudantes do nível X na sua inteligência múltipla.
2. Não existe uma diferença significativa entre rapazes e raparigas no que diz respeito ao seu auto-conceito.
3. Não existe uma diferença significativa entre rapazes e raparigas no que diz respeito ao desempenho em matemática dos alunos do nível X.

Isto indica que os rapazes e as raparigas têm o mesmo nível de inteligência múltipla, de auto-conceito e de desempenho em matemática, porque tanto os rapazes como as raparigas têm a mesma idade e o mesmo tipo de nível curricular.

MEIO DE ENSINO:

1. Existe uma diferença significativa entre os alunos do nível X do Tamil e do Inglês na sua inteligência múltipla.
2. Existe uma diferença significativa entre os alunos do nível X do Tamil e do Inglês no seu auto-conceito.
3. Existe uma diferença significativa entre os alunos do nível X do Tamil e do Inglês no que respeita ao seu desempenho em matemática.
Isto indica que os estudantes de inglês médio têm melhor inteligência múltipla, auto-conceito e desempenho em matemática do que os estudantes de tamil médio.

LOCALIZAÇÃO:

1. Existe uma diferença significativa entre os alunos do nível X rural e urbano no que respeita à sua inteligência múltipla.
2. Não existe uma diferença significativa entre os estudantes rurais e urbanos do nível X no seu auto-conceito.
3. Não existe uma diferença significativa entre os alunos das zonas rurais e urbanas do nível X no que respeita ao seu desempenho em matemática.
Este facto indica que a inteligência múltipla dos alunos das zonas rurais é melhor do que a dos alunos das zonas urbanas. Tanto os alunos das zonas rurais como os das zonas urbanas têm o mesmo nível de auto-conceito e de desempenho em matemática.

ESTÁGIO PRESENCIAL:

1. Existe uma diferença significativa entre os alunos da escola secundária e os alunos da escola secundária de dia no que respeita às suas inteligências múltiplas.
2. Não existe uma diferença significativa entre os alunos da escola secundária e da escola secundária diurna no seu auto-conceito.
3. Não existe uma diferença significativa entre os alunos da escola secundária e da escola secundária diurna no que respeita ao seu desempenho em matemática.
A residência dos alunos não determina o seu auto-conceito e o seu desempenho em matemática, porque tanto os alunos de albergues como os alunos de escolas diurnas têm o mesmo tipo de currículo no seu nível X.

GESTÃO DA ESCOLA

1. Não existe uma diferença significativa na inteligência múltipla dos alunos do nível X no que diz respeito à sua gestão da escola.
2. Não existe uma diferença significativa no auto-conceito dos alunos do nível X no que diz respeito à sua gestão da escola
3. Não existe uma diferença significativa no desempenho em matemática dos alunos do nível X em relação à sua gestão da escola.
Isto indica que a gestão das escolas não determina a inteligência múltipla, o auto-conceito e o desempenho em matemática. A gestão da escola não determina a inteligência múltipla dos alunos do nível X porque a gestão da escola não é um fator de capacidades mentais das crianças.

TIPO DE ESCOLA:

1. Não existe uma diferença significativa na inteligência múltipla dos alunos do nível X em relação ao tipo de escola que frequentam.
2. Existe uma diferença significativa no auto-conceito dos alunos do nível X em relação ao tipo de escola que frequentam.
3. Não existe uma diferença significativa no desempenho em matemática dos alunos do nível X em relação ao tipo de escola que frequentam.
Os alunos das escolas mistas têm melhor auto-conceito do que os seus homólogos, o que indica que os alunos das escolas mistas são mais confiantes.

TIPO DE FAMÍLIA:

1. Existe uma diferença significativa entre os alunos de famílias nucleares e conjuntas do nível X na sua inteligência múltipla.
2. Existe uma diferença significativa entre os alunos de famílias nucleares e conjuntas do nível X no seu auto-conceito.
3. Existe uma diferença significativa entre os alunos de famílias nucleares e conjuntas do nível X no que respeita ao seu desempenho em matemática.
Isto indica que a inteligência múltipla e o auto-conceito dos alunos de famílias nucleares são melhores do que os dos alunos de famílias conjuntas. Os alunos de famílias conjuntas têm um nível mais baixo de desempenho em matemática do que os alunos de famílias nucleares.

DESENVOLVIMENTO DA INTELIGÊNCIA MÚLTIPLA E DA MATEMÁTICA

Existe uma relação significativa entre a inteligência múltipla e os resultados em matemática dos alunos do nível X.

Existe uma correlação positiva entre a inteligência múltipla e os resultados em matemática dos alunos do nível X no distrito de Dindigul.

AUTO-CONCEITO E DESENVOLVIMENTO DA MATEMÁTICA

Existe uma relação significativa entre o auto-conceito e os resultados em matemática dos alunos do ensino secundário.

Existe uma correlação positiva entre o auto-conceito e os resultados em matemática entre os alunos do nível X no distrito de Dindigul.

INTELIGÊNCIA MÚLTIPLA E AUTO-CONCEITO

Existe uma relação significativa entre a inteligência múltipla e o auto-conceito entre os estudantes do nível X.

Existe uma correlação positiva elevada entre a inteligência múltipla e o auto-conceito entre os alunos do nível X no distrito de Dindigul.

5.5.IMPLICAÇÕES EDUCATIVAS

1. O Governo deve esforçar-se por aumentar o auto-conceito dos alunos do ensino secundário através da organização de vários programas. As escolas são

responsáveis por desenvolver o auto-conceito e a inteligência múltipla dos alunos. Os programas de auto-conceito devem ser dados aos alunos do ensino secundário pelo Governo. As actividades extra-curriculares e co-curriculares, bem como a formação em competências transversais, devem ser incluídas no currículo do ensino secundário.

2. Uma vez que o auto-conceito e a inteligência múltipla são aceites como sendo importantes para a realização matemática, os educadores devem dar mais ênfase ao desenvolvimento destas competências nas escolas secundárias superiores.

3. A formação do autoconceito deve ser integrada em todo o currículo, o que aumentaria a consciência dos alunos sobre a sua importância, optimizando assim as condições para uma transferência positiva de competências.

4. Este estudo indica que o meio de ensino decide o auto-conceito e a inteligência múltipla, ou seja, os alunos do meio inglês estão bem expostos a técnicas avançadas, pelo que as escolas do meio tamil devem prestar mais atenção aos alunos.

5. Desenvolver e manter o auto-conceito através do processo de agir e depois refletir sobre o que fizemos e o que os outros nos dizem sobre o que fizemos e podemos fazer em comparação com as nossas expectativas e as expectativas dos outros e com as caraterísticas e realizações dos outros. Ou seja, o auto-conceito não é inato, mas é desenvolvido pelo indivíduo através da interação com o ambiente e da reflexão sobre essa interação. Os aspectos físicos do auto-conceito estão relacionados com o que é concreto, como o aspeto da pessoa, o seu sexo, altura, peso, etc. Eu académico do estudante
- está relacionado com o desempenho escolar ou com a forma como aprendemos. O auto-conceito social descreve a forma como nos relacionamos com as outras pessoas e o auto-conceito transpessoal descreve a forma como o aluno se relaciona com o super natural ou com o desconhecido. O auto-conceito influencia a forma como as pessoas agem. À medida que as crianças acumulam experiências, alguns aspectos do seu antigo auto-conceito são reforçados, enquanto outros desaparecem e outros tomam o seu lugar.

6. A escola pode desempenhar um papel importante no desenvolvimento do auto-conceito das crianças. O auto-conceito das crianças torna-se mais claro quando elas se vêem a si próprias através dos olhos dos seus professores. Os professores são como um modelo para os alunos, que imitam o comportamento dos professores. No futuro, o desenvolvimento global dos alunos pode depender do atual nível mais elevado devido ao nível do ensino secundário. Este facto

corrobora a ideia de que o paradigma ou a visão do mundo de cada um e a sua relação com essa visão fornecem os limites e as circunstâncias em que desenvolvemos os nossos pontos de vista sobre as possibilidades. Este é um dos principais problemas que as crianças e os jovens enfrentam atualmente.

7. As escolas públicas e as escolas com apoio governamental devem dar a conhecer várias técnicas que aumentem a sua inteligência múltipla, bem como a sua autoestima.
- conceito, realização em matemática.

8. As escolas das zonas urbanas deveriam oferecer mais programas relacionados com o auto-conceito, que é útil para o desempenho matemático.

9. Os professores devem prestar mais atenção para aumentar o auto-conceito do aluno.

10. As escolas deveriam realizar mais programas para aumentar a capacidade espacial.

5.6. SUGESTÕES PARA INVESTIGAÇÃO FUTURA

A investigação é um domínio vital e abrangente. O objetivo de qualquer investigação é encontrar cientificamente soluções para os problemas relacionados com a educação, a sociedade, etc. No entanto, a investigação de um problema coloca sempre muitas questões de investigação que podem ser investigadas por outros investigadores. As áreas de investigação futura são as seguintes

- O estudo pode ser reproduzido a nível universitário
- Podem ser efectuados estudos semelhantes para conhecer outras variáveis como a inteligência emocional, a motivação, a atitude e a maturidade social, etc,
- Este estudo limita-se ao distrito educativo de Dindigul. Pode ser alargado a qualquer outra região.
- Este estudo limita-se apenas aos alunos da classe X. Pode ser alargado a outras turmas.
- Relação entre a capacidade de raciocínio e a matemática.
- Relação entre capacidade linguística e desempenho académico .

5.7.CONCLUSÃO

Através deste estudo, o investigador concluiu que existe uma correlação positiva entre a inteligência múltipla, o auto-conceito e a realização em matemática.

O investigador verificou que os alunos que estudam em escolas de inglês, os alunos que estudam em escolas mistas e os alunos que estudam em escolas de zonas rurais têm mais inteligência múltipla do que os seus homólogos.

O investigador verificou que os alunos que estudam numa escola mista e que pertencem a uma família nuclear apresentam melhores resultados em matemática, bem como uma inteligência múltipla e um auto-conceito mais elevados.

REFERÊNCIAS

Aggarwal.J.C. (1995) "Essential of Educational Technology:Teaching Learning", Vikas Publishing House Pvt. Ltd, New Delhi.

Agwal G.S (2001) "Intelligence as a correlate of achievement in mathematics across different levels of socio-economic status", Research and Reflection on Education, Vol02, P 4 - 6.

Ahmad,Khairul (2010) "Relationship of spatial experience, previous mathematics achievement, and gender with perceived ability in learning engineering drawing" (Relação entre a experiência espacial, os conhecimentos prévios de matemática e o género e a capacidade percebida na aprendizagem do desenho de engenharia)

Allen (2010), "Spatial Ability Groups", International Electronic Journal of ElementaryEducation Vol 01, P 6 - 9.

Balakrishnan.V, Velmurugan.K (2013) "Self-concept of higher secondary students in relation to achievement motivation", Meston Journal of research in Education, Vol.10,No 01, P 5-9.

Barr, Arvil. S. (1960), "Research Methods", Macmillan Company, Nova Iorque.

Bhaskara rao (2003) "Achievement in mathematics", Discovery publishing house, Nova Deli.

Best, J.I. (1977) " Research in Education," Prentice Hall. New Delhi.

Blum, M.L.(1956) "Industrial Psychology and its Social foundation", Harper and Row,New York.

Cauvery (2003) "Research methodology", Chand &Chand company ltd, Delhi.

Donald, Burney (2001)"Research Methods" (Métodos de investigação), Wadsworth
Thomson , EUA

Erick Towle (2010) "Assessing the self - concept and spatial ability of engineering students", Vol. 04, P.5-6.

Hans raj (2002) "Theory and practice in social research, Surjeet publications, New Delhi.

Harish.G.C.(2007) "Integrated critical thinking skills on achievement in mathematics of secondary school students." Investigação e Reflexão em Educação, Vol.03, P. 4-6 .

John Louis Manoharan.J,(2006) , "Fostering creativity through resolução de problemas em matemática.

Kothari.C.R.(2004) "Research methodology",New age international publishers, New Delhi.

Lokesh koul (1997) "Methodology of educational research", Vikas publishing house, Nova Deli.

Maheshwaran.J (2010) , "Reasoning abilities in Mathematics entre os estudantes do ensino secundário superior no distrito de Dindigul"

Manju Krishna (1999), "Objetividade das estratégias que envolvem a teoria da inteligência múltipla sobre os resultados em matemática no ensino secundário superior".

Neil.C,Robinson.E (1999) , "Cognitive abilities, personality and diferenças de género na realização matemática de adolescentes sobredotados".

Pallerend, Seeber (2002) , "The relationship between visuo-spatial ability, mathematical skills of students and achievement in science courses".

Ram ahuja (2001), "Research methods", Rawat Publications, Jaipur.

Ravi parkash (2004) "Problems da investigação educacional", Commonwealth Publishers, Nova Deli.

Ravi parkash (2003) "Evaluations of educational research" (Avaliações da investigação educacional)
Commonwealth Publishers, Nova Deli.

Saileela (2013), "Autorregulação, auto-eficácia e atitude face à matemática em relação ao desempenho em matemática de alunos do ensino secundário superior". Investigação e Reflexão em Educação, Vol.02.No02.

Salomi.A (2009) "A study on multiple intelligence and achievement on commerce among the higher secondary school students".

Saravanavel.P (2003) "Research methodology" Kitab mahal, Allahabad.

Sharma.S.N. (2003) "Methodology of educational research", Publicações Surjeet, Nova Deli.

Sharma.S.R. (2004) "History of educational research" Anmal publications, New Delhi.

Steffi.P. "Theories of mathematical learning", Asthish Publishing house, Nova Deli. Sudir kumar (2003) "Teaching of mathematics", Anmol publications, New Delhi.

Thilakasuresh , Bhuvaneshwari,(2008) , "Relationship between spatial ability and achievement in science and Mathematics among high school children" , Journal of educational research and extension. Vol. 41(3) P 9 -13.

Thorndike, E. (1913) "Educational Psychology: The Psychology of Learning", Teachers College Press, Nova Iorque.

Tiwari A.D. (2005) "Reasoning abilities and achievement in mathematics", common wealth publishers, New Delhi.

Vijayalakshmi.G,Lavanya.P (2005) "Relationship between stress and mathematics achievement among intermediate students", Research and reflection on Education,Vol.09,P 09-12.

Xavier ,Anna raja (2008) "Effectiveness of multiple intelligence based teaching mathematics on achievement of VI standard students", Meston Journal of research in Education, Vol.12 No 05, P 6-9.

SÍTIOS WEB

- ✓ **WWW.Psychometric.success.com.**
- ✓ www.eric.com
- ✓ **www.google.com**
- ✓ www.editlib.org
- ✓ **www.e-education.coms**

ÍNDICE DE CONTEÚDOS

MIX
Papier aus verantwortungsvollen Quellen
Paper from responsible sources
FSC® C105338

Printed by Books on Demand GmbH, Norderstedt / Germany